コンクリート診断士試験

四択問題 短期集中 講座

カラー写真＋シノダ・レジュメ＋厳選問題

東京工業大学名誉教授　**長瀧重義**

日本コンクリート技術　**篠田佳男**

日本コンクリート技術　**河野一徳**

発行：日本コンクリート技術　　発売：高文研

橋梁の種類

コンクリート橋

PC　T桁橋

鋼　橋

鋼単純桁橋

PC 箱桁橋

鋼箱桁橋

ラーメン高架橋

鋼 I 桁橋

※ PC ＝プレストレストコンクリート

橋梁の上部工・下部工

鋼連続桁橋（複数径間）

橋梁上部工の構造（RC床版および壁高欄）

下部工（ラーメン式橋台）

下部工（壁式橋脚）

PC橋と外ケーブル工法

PC 箱桁橋のＰＣケーブルの配置状況

コンクリート橋はPC橋が主として建設されている。

外ケーブル工法による補強事例

外ケーブル工法はPC鋼材を桁の外部に配置し、橋梁の補強工事に適用されている。

初期欠陥

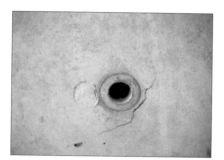

沈下ひび割れ

コールドジョイント

壁部に発生した豆板

壁高欄の打継目不良

エフロレッセンス（セパレータ付近）

ひび割れ

乾燥収縮ひび割れ

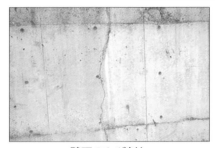

壁面のひび割れ

開口部の隅角部付近のひび割れ

温度ひび割れ

堰堤のひび割れ

擁壁のひび割れ

アルカリシリカ反応・中性化

アルカリシリカ反応

亀甲状のひび割れ

軸方向に沿ったひび割れ

中性化

鉄筋腐食による錆汁の滲出

かぶりコンクリートの剥離（鉄筋腐食）

塩 害

塩害によるひび割れと鉄筋腐食

塩害によるひび割れ（RC 桁下面）

塩害によるひび割れ（RC 桁側面）

塩害による鉄筋腐食とコンクリートの剥落（海岸沿いに位置する壁体）

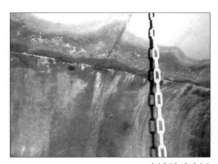

凍結防止剤よる塩害（RC 床版）

凍害・溶出・温度変化による目地の劣化

凍　害

網目状のひび割れ

スケーリング

橋脚張り出し部の劣化

橋脚の柱部の劣化

溶出・温度変化による目地の劣化

溶出

温度変化による目地の劣化

地震による損傷（土木構造物）

橋脚の損傷

ラーメン高架橋の柱の損傷

橋脚の損傷（せん断破壊）

地震による損傷（建築構造物）

梁部に生じたせん断ひび割れ

1階柱部のせん断ひび割れ

壁部のせん断ひび割れ、タイルの剥離

せん断破壊した柱

橋脚の補強

橋脚の RC 巻立て工法による補強

橋脚の炭素繊維シート巻付けによる補強

鋼板巻立て補強工法　　　　　鋼製バーによる外部からの柱の補強

床版の下面増厚工法

床版の下面増厚工法（ポリマーセメントモルタルによる補強）

補強用の鉄筋をRC床版の下面に取り付け・固定後、ポリマーセメントモルタル（PCM）で鉄筋と既設の床版を一体化させる工法。PCMの防食効果により耐久性も向上。

①施工前

②下塗り工

③補強鉄筋取付・固定工

④増厚工

⑤仕上げ・吹付け工

⑥施工完了

下面増厚工法の適用事例

前田工繊株式会社　提供

再アルカリ化工法・中性化試験

再アルカリ化工法

中性化したコンクリートに対し、電気化学的にアルカリ性を再付与し再生。

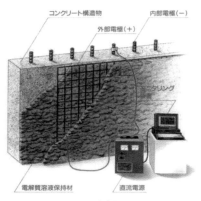

システムの概要

再アルカリ化のメカニズム

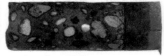

フェノールフタレイン法による再アルカリ化の確認

デンカ株式会社　提供

中性化試験

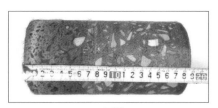

コア法

ドリル法

脱塩工法・コンクリート強度試験・鉄筋探査

脱塩工法

塩害を受けたコンクリート構造物から塩分を除去し、電気化学的に再生。

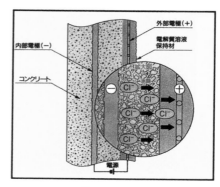

システムの概要　　　　　　　　　**脱塩のメカニズム**

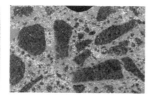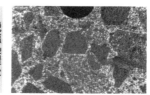

脱塩処理前 → 脱塩処理後

EPMA による塩化物イオンの分布の比較

デンカ株式会社　提供

コンクリート強度の推定・鉄筋探査

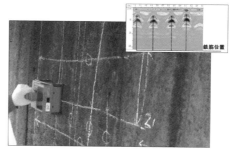

反発硬度法による強度推定　　　　電磁波レーダー法による鉄筋探査

ソフトコアリングによるコンクリート強度の推定

小径コアの採取状況（建築）

小径コアの採取状況（土木）

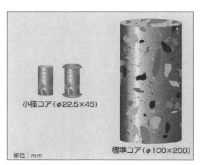

小径コア（φ22.5×45）

標準コア（φ100×200）

単位：mm

コアの大きさの比較

小径コアの圧縮強度試験

中性化深さの測定

ソフトコアリング協会　提供

16

はじめに

　コンクリート診断士試験は公益社団法人日本コンクリート工学会が実施する資格試験で、2001年に創設された。法的に定められたものではないが、コンクリート構造物の維持管理の重要性が認識されている現在、国土交通省の民間資格制度に登録されるなど、その期待が高まっている。コンクリート診断士の資格は、コンクリートの診断・維持管理の知識、技術を保有していると認められたものに与えられる。合格率は毎年15%程度と低く、難関資格であるといえる。試験問題は4肢択一と、記述式から構成されている。

　本書は4肢択一問題を効率よく学習し、合格点を確保することを主眼に、「写真で見るコンクリート」、「シノダ・レジュメ」、「厳選問題」の3部構成としている。写真で見るコンクリートは、主要構造物である橋梁、劣化現象、補修・補強等を分かりやすく掲載した。これらの資料は問題集の参考資料として使用することにより、視覚的な学習を可能としている。そして、専門分野の学習を効率的に進めることができるように、弊社にて開催していた講習会資料をシノダ・レジュメとしてまとめた。過去問と同一、あるいはほぼ同一問題の出題が多くなっている現況を反映し、厳選問題を作成して説明を行っている。そして、計算問題は出題の分野が特定されており、丁寧な解説により正解への道を確実としている。

　本書の特徴は、4肢択一問題の正解率を効率よく向上させることにある。レジュメは各分野をコンパクトにまとめており、反復学習により構造物の変状から劣化、対策等の専門知識を習得することができる。また、厳選問題に取り組むことで、専門知識の充実が図れる。そして、レジュメは試験直前、試験会場でも活用していただきたい。これまでの反復学習の積み重ねに加え、直前短時間を利用した再記憶により、ポイントアップにつながる。

　このように、本書は、コンクリート診断士試験に必要な4肢択一を適切に織り込みコンパクトに編集した合格必勝のテキストであり、受験者の皆様に広く活用していただくことを期待している。また、皆様がコンクリート診断士に合格することによって、新設構造物の長寿命化、既設構造物の延命化などへ大きく貢献されることを切に願っている。

令和3年8月

長瀧　重義

篠田　佳男

河野　一徳

4肢択一問題の解答の道をコンパクトにまとめました！

本書は4肢択一の出題問題を分析し、学習しやすくコンパクトにまとめました。
合格への近道は、繰り返しの反復学習を効率よく行うことです。

◉まずは「写真で見るコンクリート」と「シノダ・レジュメ」

はじめに写真により理解してください。次に、「シノダ・レジュメ」を3回程度繰り返して目を通すことで、試験に必要な専門知識が理解できます。

◉厳選問題（一般問題）

既往の問題から出題傾向の高い問題を16問作成しました。「シノダ・レジュメ」を活用しながら、繰り返して反復学習をしてください。

◉厳選問題（計算問題）

計算問題も類似問題が多く出題されています。8問の厳選問題を作成しました。解答を参考にしながら、解答のテクニックを身に着けてください。そして、「計算問題のポイント」との反復学習に取り組んでください。

◉記述式問題のフォロー

記述式問題は橋梁の出題が多く、写真とレジュメに理解度が増すように掲載しました。そして、文章を適切に表現するにはキーワードを有効に活用することです。124〜126ページ「コンクリート診断士試験への取組み」に各項目のキーワードをまとめました。

◉「シノダ・レジュメ」の活用

短時間、例えば、通勤時に繰り返しの反復学習、試験直前の記憶の詰め込みに「シノダ・レジュメ」を活用して、合格へのサポートにしてください。

シノダ・レジュメ

　コンクリート診断士試験に必要な内容を、①変状と劣化の機構、②調査、③補修・補強、④構造物に分けました。レジュメを活用することで、診断士試験に重要な知識を短期間に効率よく習得できます。暗記しにくい箇所もあり、試験会場までの最後の時間まで活用することで、得点アップにつなげて下さい。

　なお、橋梁に関する問題は４択、記述式に多く出題されており、本レジュメでは橋梁についても分かりやすく説明しています。

①変状と劣化の機構

初期欠陥、ひび割れ、鉄筋コンクリート梁、中性化、塩害、アルカリシリカ反応、凍害、水掛かり、化学的腐食と疲労、溶出・摩耗と火災

②調査

規格・基準等、コンクリートの圧縮強度、ひび割れ、はく離、空洞、かぶり・埋設物、中性化深さ・塩化物イオンの測定、鉄筋腐食の判定、コンクリートの配合推定・ASR調査方法、セメント水和組織の微細構造、ASRの分析判断、疲労による損傷

③補修・補強

補修の目的・ひび割れ補修工法、補修工法、電気化学的補修工法、補修・補強材料、補強工法

④構造物

トンネル、橋梁

1 変状と劣化の機構

1-1 初期欠陥

主な初期欠陥を表に示す。強度不足（不適切な W/C、加水）、コールドジョイント、打継目不良、ジャンカ・空洞、かぶり不足・配筋不良などの初期欠陥は、塩分、水、空気などの腐食因子が容易に侵入し鉄筋腐食が進行する。

▼ **主な初期の欠陥** ▼

	原因	防止対策	補修方法
ジャンカ	コンクリート打込み時の材料分離、締固め不足、型枠の下端からのセメントペーストの漏れなどにより発生。主な発生箇所は、開口部下部や高柱等。	・ワーカビリティーの良好なコンクリートの使用。 ・十分な締固め。 ・打込み時の落下高さを 1.5m 以内程度にする。	深さ3㎝程度ならば、ポリマーセメントモルタル塗布。空洞がある場合は不良部分をはつり取りポリマーセメントモルタルで充填。
コールドジョイント	打重ねたコンクリートが一体化しないことにより発生。	・適切な打重ね時間となるための施工計画。 ・先打ちと後打ちコンクリートが一体化する十分な締固め。	縁切れが明確に認められない場合はポリマーセメントモルタルの刷毛塗り。縁切れしているものはUカット工法で補修。
沈下ひび割れ	打込み後のコンクリートの沈下が鉄筋により妨げられ、鉄筋に沿って生じるひび割れ。	コンクリートが硬化する前にタンピング等によって取り除く。	施工時の対応が基本となる。
砂すじ	単位水量が大きくブリーディングの多いコンクリート、過度な締固め、打込み速度が速い等。	・ワーカビリティーの良好なコンクリートの使用。 ・透水性型枠の使用。	構造上は問題ない。砂すじ部分をケレンしポリマーセメントペーストの刷毛塗りで美観回復可。
表面気泡	逆テーパなど傾斜を有する型枠面で打込み時に巻き込まれた空気泡。	・傾斜部に空気孔の設置。 ・打込み速度、締固め時間の管理等。	気泡発生部へのポリマーセメントモルタルの充填。

表面の美観低下

エフロレッセンス：コンクリート中の可溶性成分が水分移動で表面に析出。主に $CaCO_3$、エフロレッセンス自体は構造物の耐荷力に問題ない。貫通ひび割れ、コールドジョイント部に発生し易い。これらを通してコンクリート表面に発生。錆汁が含まれていると、内部鉄筋の腐食を意味し耐久性に問題。

汚れ（変色）：埃や排気ガスに起因した黒色の付着物や "かび" の発生。真菌類が繁殖、死滅で黒い汚れ。

すりへり：水などのすり減り作用により、表面モルタル→粗骨材の露出→粗骨材のはく離の順に進む。

打継目不良

コールドジョイント

エフロレッセンス

すりへり

MEMO

ひび割れ

ひび割れは、床版の疲労、温度ひび割れ、外壁のひび割れ問題が主に出題されている。初期材齢時に高温履歴を受け、ASRと似た亀甲状に発生するDEFひび割れが最近の話題となっている。

床版の疲労：橋軸直角方向の一方向に発生するひび割れ、状態Ⅰ（潜伏期）。二方向の格子状ひび割れが形成、状態Ⅱ（進展期）。ひび割れの網細化が進み、せん断耐力が低下し、角落ちが生じる等、状態Ⅲ（加速期）。ひび割れの貫通、顕著な漏水、床版の陥没等、状態Ⅳ（劣化期）。

温度ひび割れ：内外の温度差に起因する表面ひび割れ（内部拘束）、下端が拘束されて生じる貫通ひび割れ（外部拘束）。特に、後者の原因に関する問題が数多く出題。

外壁のひび割れ：最上階は日射の影響を受けハの字、端部は下端の拘束により逆ハの字。乾燥収縮により開口部周辺、中間部に鉛直方向に発生する。

▼ 床版の疲労 ▼

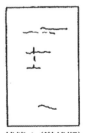 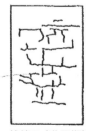  

| 状態Ⅰ（潜伏期）
一方向ひび割れ | 状態Ⅱ（進展期）
二方向ひび割れ | 状態Ⅲ（加速期）
ひび割れの網細化と角落ち | 状態Ⅳ（劣化期）
床版の陥没 |

▼ 外部拘束による温度ひび割れ ▼

温度降下により収縮

◇ 温度膨張
・水和熱により温度膨張する

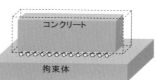

◇ 拘束されない場合
・温度降下時に自由に収縮する
・ひび割れの発生は無い

温度降下により収縮

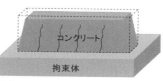

◇ 拘束される場合
・温度降下時に自由に収縮できない
・拘束体により拘束応力が生じる
・ひび割れが発生する

▼ 外壁のひび割れ ▼

開口部ひび割れ　　　最上階斜めひび割れ

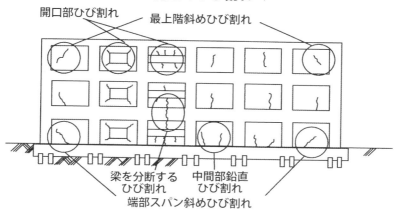

梁を分断する
ひび割れ　　　中間部鉛直
　　　　　　　ひび割れ

端部スパン斜めひび割れ

1－3　鉄筋コンクリート（RC）梁

基本：RC 梁は曲げモーメント、せん断力等の断面力を負担するように主筋と
スターラップが配置。

ひび割れ：最大曲げモーメントとなる載荷点間の等モーメント区間には、引張
縁から圧縮縁方向に曲げひび割れが発生し、荷重とともにひび割れが分散し
間隔を小さくする。また、支点と載荷点間のせん断スパンには斜め方向のせ
ん断ひび割れが発生する。せん断ひび割れに抵抗する補強筋が適切に配置さ
れないと、せん断ひび割れにより急激に破壊を生じることになる。

▼ RC 梁試験のひび割れ状況 ▼

MEMO

26

荷重 P と中央部のたわみ δ の関係

RC 梁の荷重とたわみの関係で最近出題される例が多く、理解を深めることが
重要 !!

Ⅰ：ひび割れ発生前の剛性が大きい領域。ひび割れ発生荷重 P_c はコンクリート強度に依存する。

Ⅱ：ひび割れが成長し剛性が低下する領域。ひび割れが多数発生し、ひび割れの形成が安定する領域。鉄筋の降伏荷重 P_y は主筋量や鉄筋の降伏強度に決定される。

Ⅲ：主筋降伏後の領域で、ひび割れ幅が数mm以上となり、中央部のたわみが増大し大変形を生じる領域。ただし、せん断補強筋が少ないとせん断破壊を生じるため、最大耐力時 P_u のたわみは小さくなる。

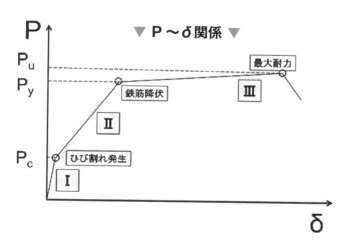

（1）概要

二酸化炭素がコンクリート中に進入し、炭酸化によりコンクリートの pH が 10 程度に低下する現象。鉄筋は pH12 以上では安定しているが、pH11 程度以下になると腐食が生じる。健全なコンクリートの pH は 12.5 程度以上と高アルカリ性を示す。

（2）中性化進行の特徴

①中性化は大きな W/C のコンクリート、施工欠陥部で速く進行し、鉄筋腐食を増大させる。

②二酸化炭素の侵入と炭酸化反応が進行する相対湿度 50 ～ 60％で速度が最大となる。屋外は日射を受け乾燥しやすい南向きや西向きが速くなる。

③室内は二酸化炭素濃度が高く、相対湿度が 60％程度のため、中性化速度は速くなる。

④混合セメントを使用すると中性化速度は速くなる。

⑤中性化深さは√t 則で表される。

⑥セメント中のアルカリ量が多いほど中性化速度は速くなる。

⑦塩化物を含むコンクリートは炭酸化が早い。フリーデル氏塩（塩化物イオンを固定し、不溶性の塩）は炭酸化によって分解し、固定化していた塩化物イオンを解離する（中性化フロント現象）ため、塩害と中性化の複合劣化が生じる。

⑧鉄筋腐食は中性化位置より内部（pH11 程）で開始し、鉄筋腐食開始と中性化の関係は中性化残り（鉄筋のかぶり厚さと中性化深さの差）による。塩化物を含むコンクリートは約 20 ㎜、一般の環境は 8 ㎜。

（3）中性化試験

原理：フェノールフタレイン 1％エタノール溶液は pH10 以上で赤紫色に呈色する。

①**はつり法**：はつり面に直接フェノールフタレイン溶液を噴霧し、4〜8箇所を等間隔で測定する。なお、コンクリート粉を除去する。測定時水洗いをしない。水洗いをするとコンクリート粉によりアルカリ性となる。

②**コア採取**：コアを採取し削孔面、コア側面、割裂面を等間隔で5箇所以上を測定する。なお、のろが付着した場合は、のろを水洗いしてきれいに落とす。

③**ドリル法**：フェノールフタレイン1%溶液を噴霧したろ紙にドリルの削孔粉を落下させ変色位置を測定する。構造物を破壊せずデータを多量かつ簡易に入手することができる。

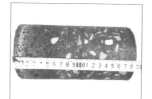

はつり法　　　**コアによる方法**　　　**ドリル法**

注）中性化深さの測定

・鮮明な赤紫色に着色する部分までの距離。

・骨材粒子がある場合は中性化位置を結んだ直線上での距離。

▼ **中性化深さ測定位置** ▼

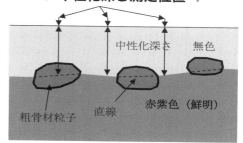

中性化深さの算定

中性化深さ（C）は経過時間（t）の平方根に比例し、以下の式で表される。

$C = a\sqrt{t}$

a：中性化速度係数（通常中性化深さの実測値から逆算して求める）

1 - 5 　塩 害

概要：塩化物イオンがコンクリート中に侵入し、腐食発生塩化物イオン濃度以上になると、不動態皮膜が破壊され腐食を生じる。鋼材は腐食により体積が2~4倍に膨張し、その膨張圧で鉄筋に沿ってひび割れが生じると、急激に腐食が進行する。塩分は海洋環境下以外に凍結防止剤から供給される。

塩害はマクロセル腐食が形成され、アノードとカソードが離れた箇所で起こり反応速度が速い。

アノード　　$Fe \rightarrow Fe^{2+} + 2e^-$　　$Fe^{2+} + 2OH^- \rightarrow Fe(OH)_2$
カソード　　$\frac{1}{2}O_2 + H_2O + 2e^- \rightarrow 2OH^-$

塩害によるひび割れ（RC 桁下面）

塩害によるひび割れ（RC 桁側面）

鋼材腐食発生塩化物イオン濃度（C_{lim}）：従来 1.2kg/m³ としていたが、2012 年度の示方書から下記のように W/C と使用セメントによる定数 A、B で与えられている。

$$C_{lim} = A(W/C) + B$$

ここで、N セメント：A = -3.0、B = 3.4、BB セメント：-2.6、B = 3.1
水セメント比 50％の場合、C_{lim} は N セメントで 1.9kg/m³、BB セメントで 1.8kg/m³ となる。
コンクリートは W/C が小さいほど、セメントの水和組織が緻密となり、鉄筋腐食抵抗性が大きくなる。

▼ マクロセル腐食の概要図 ▼

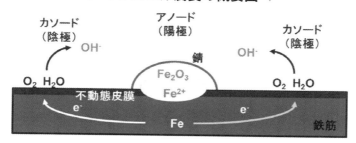

塩害環境

腐食性環境としては乾湿を繰り返す飛沫滞が最も厳しく、干潮部、海中部の順となる。

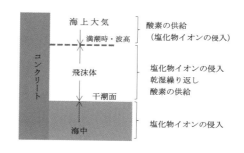

MEMO

1−6　アルカリシリカ反応（ASR）、凍害、水掛かり

(1) ASR

概要：コンクリート中の水酸化アルカリ（NaOH、KOH）と反応性骨材が反応することによってアルカリシリカゲルが生じる。これが吸水膨張することでひび割れが発生、成長する。このような現象はセメントが高アルカリ、かつセメント量が増大した昭和40年〜50年代後半の構造物に多い。

発生の3要素：①反応性骨材、②細孔中に十分な水酸化アルカリ溶液、③コンクリートが多湿または湿潤状態。

ひび割れ：低鉄筋比では亀甲状、高鉄筋比やPC部材では主鋼材に沿ったひび割れが特徴。

反応性骨材：岩石中のシリカ鉱物では、①無定型またはガラス質（オパール、火山ガラスなど）、②クリストバライト、トリジマイトなどのシリカ鉱物（石英の高温結晶形）、③微細な結晶粒やひずんだ結晶格子を持つ石英など。我が国で確認されている反応性骨材は火山岩が起源の岩石（安山岩、流紋岩、玄武岩、石英安山岩など）、堆積岩が起源の岩石（チャート、砂岩、頁岩など）、変成岩（粘板岩、片麻岩、片岩）。

(2) 凍害

概要：水は凍結すると約9％の体積膨張を生じる。凍害はこの凍結時の膨張と融解の繰返しにより劣化する現象である。凍結融解の繰返しによりスケーリング、微細ひび割れ、ポップアウトを生じる。

劣化損傷：最低気温、日射、凍結融解の繰返し、水の供給等の要因で劣化進行が異なる。気温低下の厳しい環境では北面ではなく、凍結融解の繰返しが多い日射の多い南・西面で被害が生じる。

劣化形態：①ポップアウト（吸水量が大きい骨材でコンクリート表面がはく離）、②スケーリング（コンクリート表面が薄くはく離）、③微細ひび割れ（網状の細かいひび割れが発生）

AE コンクリート：AE 剤で連行される空気泡の間隔、気泡間隔係数が200-250μm 以下で耐久性向上。

ASR によるひび割れ

凍害による劣化

（3）水掛かり

概要：水は、塩害等の鋼材の腐食反応や凍害等のコンクリートの劣化に大きく関与する。これは化学反応のみならず荷重との相互作用についても同様で、床版内部に水平ひび割れが生じて水が浸入し、交通作用の繰り返しによる疲労や凍害を受けてコンクリートが砂利化する現象も報告されている。このように、コンクリート構造物の劣化の発生や進行の多くに水が関与している。また、水の供給を断つことによって、コンクリートに生ずる懸念のある劣化を未然に防止できることも少なくない。

中性化と水の浸透に伴う鋼材腐食に対する照査：

①中性化と水の浸透に伴う鋼材腐食に対して、鋼材腐食深さが設計耐用期間中に鋼材腐食深さの限界値に達しないことを、鋼材腐食に対する照査の原則とする。

②中性化と水の浸透に伴う鋼材腐食に対する照査を中性化を用いて行う場合には、中性化深さが設計耐用期間中に鋼材腐食発生限界深さに達しないことを確認することで、鋼材腐食に対する照査としてよい。

(1) 化学的腐食

概要：外部から化学的作用を受け、コンクリートが変質あるいは水和物が分解して劣化する現象。

酸：セメント水和物はアルカリ性のため、ほとんどの酸と反応して分解し劣化が生じる。

アルカリ：非常に濃度の高い NaOH には侵食される。

塩類：硫酸塩が代表でセメント中の $Ca(OH)_2$ と反応しせっこう（$CaSO_4$）を、せっこうが C_3A と反応しエトリンガイトを生成し膨張する。硫酸は酸としての侵食、硫酸塩による膨張は非常に激しい侵食。

油類：鉱物油は侵食しない。一部の植物油において遊離脂肪酸を含んでいるものは酸として侵食。

腐食性ガスによる化学的腐食：

塩化水素、フッ化水素、硫化水素、二酸化イオウなどの気体による侵食。

右図のような下水は硫化水素で大きな被害が生じる。

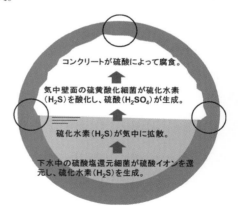

コンクリートが硫酸によって腐食。

気中壁面の硫黄酸化細菌が硫化水素（H_2S）を酸化し、硫酸（H_2SO_4）が生成。

硫化水素（H_2S）が気中に拡散。

下水中の硫酸塩還元細菌が硫酸イオンを還元し、硫化水素（H_2S）を生成。

MEMO

(2) 疲労

概要：繰り返し荷重の作用でコンクリート、鋼材が破壊する。一般にコンクリート床版が対象となる。気中より海中部分が水の影響を受け疲労強度が低下するため水中、海洋施設でも問題。

鋼材疲労：鉄筋のふしや PC 鋼材のきず等の局部応力が生じる箇所から疲労ひび割れが発生し、鋼材が破断する。S（応力）-N（繰り返し回数）でみると、N の片対数表示で直線関係を示す。金属材料は疲労限度が存在し、ある応力振幅以下になると、破壊を生じない。疲労破断写真を参照すると、応力の繰返しにより、上部からひび割れが進展し健全部の断面積（A）が減少する。A 部が限界値に達すると、下側の写真の通り伸びがなく、脆性的に破壊が生じる。

コンクリート床版の疲労：昭和 40 年代から鉄筋は健全であっても、コンクリートのみが陥没する現象が発生。昭和 48 年「道路橋示方書」では最小床版厚を 16 cm、床版支間長 3.6m 以下を原則とし、鉄筋の許容応力を 137N/ mm^2（1400kgf/ cm^2）と余裕を持たせた。さらに、昭和 53 年以降は 20N/ mm^2（200kgf/ cm^2）程度の余裕を推奨した。長期供用床版は疲労強度に問題があり、補強が必要となる。

▼ 応力振幅と繰返し回数の関係 ▼

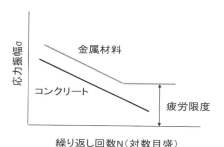

▼ 鉄筋の疲労破断 ▼

1-8　溶出・摩耗と火災

(1) 溶出・摩耗

概要：セメント水和物が周囲の水に溶解して組織が疎となる劣化現象。

現象：セメント水和物中で最も溶解度が大きいのが水酸化カルシウムで①〜④の順に進行。

　　　①液層の水酸化カルシウムが溶解。

　　　②個体の水酸化カルシウムの溶解。

　　　③個体の水酸化カルシウムが消費されると C-S-H（ケイ酸カルシウム水和物）が溶解。

　　　④ C-S-H 中の CaO が溶出、Ca/Si 比が低下し、コンクリートが脆弱化。

環境：接触する水の硬度が低いほど（軟水）、濃度勾配が大きく、劣化が激しくなる。河川に接する構造物で常に成分濃度の低い水の作用や、水の流れが速いほど、成分溶出は大きい。

MEMO

(2) 火災

概要：火災を受けセメント硬化体と骨材の挙動差が生じ、コンクリートの物性値の低下。

加熱時：水酸化カルシウム（$Ca(OH)_2$）は 500〜580 ℃の加熱で $Ca(OH)_2$ → $CaO+H_2O$ に熱分解。pH の低下が起こる。ケイ酸カルシウム水和物（C-S-H）は 600 〜 700℃で熱分解する。

物性値の低下（図参照）：強度の低下は 300℃まではほとんどない。500℃を超えると 50%以下となるが、時間とともに回復し、1 年で 85%以上となる。弾性係数は大幅に低下し、500℃で 1 年経過後でも 50%以下と圧縮強度と異なる。

表面の変色状況から受熱温度を推定：〜 300℃すすの付着、300 〜 600℃桃色、600 〜 950℃灰白色、950 〜 1200℃淡黄色、1200℃〜溶融。**過去に出題多く重要。**

鉄筋：引張強度は 300℃を超えると大きく低下し、500℃で約 1/2 となる。降伏点は加熱温度が高くなるに従い低下する。500℃以上の加熱を受けると強度および降伏点は回復しないため、500℃が鉄筋の安全限界温度と考えられている。

▼ コンクリート強度の自然回復 ▼

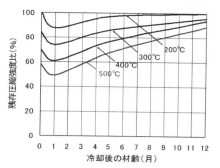

▼ コンクリート弾性係数の自然回復 ▼

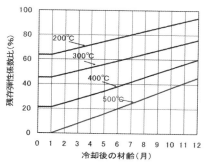

コンクリート構造物の火災安全性研究委員会報告書 JCI　2002.6

2 調　査

2 - 1　規格・基準等

年代	社会・経済	規格・基準類
1950	50 建築基準法公布	50 ポルトランドセメント、高炉セメント、シリカセメントの JIS 制定、AE 剤の導入 53 生コンクリートの JIS 制定
1960	64 東京オリンピック 64 東海道新幹線開通	61 コンクリート用砕石の JIS 制定 64 鉄筋コンクリート用棒鋼の JIS 制定
1970	70 万国博覧会（大阪） 73 第一次オイルショック 75 山陽新幹線全線開通	70 コンクリートミキサの JIS 制定 71 PC 鋼材の JIS 制定 78 レディミクストコンクリートの JIS 改正
1980	83 塩害・アル骨問題の報道 84 コンクリートの早期劣化問題「コンクリートクライシス」報道 89 バブル景気	82 コンクリート用化学混和剤の JIS 制定（AE 剤、減水剤、AE 減水剤）、86 生コン塩化物総量規制・アルカリ骨材反応抑制対策、ポルトランドセメント JIS に低アルカリセメント追加、87 コンクリート用化学混和剤 JIS に全アルカリ量と塩化物イオン量の規定が追加
1990	91 リサイクル法公布 95 兵庫県南部地震 99 新幹線・福岡トンネルでコンクリート塊の落下事故	92 JIS A 1804 アルカリシリカ反応性試験（迅速法）制定 95 高炉スラグ微粉末の JIS 制定、化学混和剤 JIS に高性能 AE 減水剤追加 97 ポルトランドセメントの JIS 改正（低熱を追加）
2000	03 ASR による鉄筋破断問題 05 耐震強度偽装事件 07 中越沖地震	00 シリカフュームの JIS 制定、02 エコセメントの JIS 制定、03 国土交通省より通達「レディーミクストコンクリートの品質確保について」単位水量の管理、05 コンクリート用再生骨材 H の JIS 制定
2010	11 東日本大震災 13 東京五輪 2020 開催決定 16 熊本・大分地震	12 再生骨材 M,L を用いたコンクリートの JIS 制定、13,16 スラグ骨材の環境規定の追加、14 JIS A 5308 に回収骨材の規定が追加、19 JIS A 5308 に呼び強度、スランプフロー等コンクリート種類が大幅増加
2020	20 コロナ禍	20 収縮低減剤の JIS 制定

コンクリートの主な出来事

その1：1953年（昭和28年）にJISが制定され、当初は良質な骨材が供給されていた。コンクリートの劣化は、凍結融解が主であると考えられていた。

その2：1960年代の高度成長期からAE減水剤が一般的に使用されるようになった。

その3：1984年「コンクリートクライシス」NHK報道。半永久的でメンテナンスは不要と考えられていたコンクリートが社会問題化。これを受け、塩化物総量規制・アルカリ骨材反応抑制対策。

その4：1995年兵庫県南部地震による土木・建築構造物の倒壊。これを受け、耐震技術の整備。

その5：1999年山陽新幹線・福岡トンネルでコンクリート塊の落下事故。これを受け、2001年土木コンクリート構造物の品質確保、その運用に関する国交省通達。

MEMO

コンクリートの圧縮強度

（1）コア強度　JIS A 1107

採取時の留意点：

①構造物全体に均等かつ構造物の状況を判断できるような位置を選定、欠陥部やその近傍および鉄筋を避ける。

②コア供試体の直径は一般に粗骨材の最大寸法の 3 倍以下にしてはならないとしている。なお、最近では構造体への影響を考慮し、小径コア（φ30 ㎜）が使用される例が増した。

③コアドリル採取時のトルクが 14.7N・m（75 ㎜ /min 程度）を超えると強度が低下する。試験までの保存条件は、採取部材の乾湿条件を考慮して決定する。

試験時の留意点：

①試験はコア採取後 1 日〜 2 日以内に行う。試験までの供試体の保存方法は構造物の乾湿状態に合わせて決定する。

②コアの直径と高さの比 h/d が 1.90 を下回る際には JIS による規定に従って補正を行う。h/d が 1 を下回ったものは試験をすることができない。

③載荷面の供試体の平面度は直径の 0.05% 以内でなければならない。

（2）反発度法　JIS A 1155

概要： リバウンドハンマーを用いてコンクリート表面を打撃し、その反発度を用いて圧縮強度を推定する方法。適用範囲はコンクリート強度 10 〜60N/ ㎜²。コアによる圧縮強度試験を併用し、推定強度の精度向上が望ましい。

適用箇所： 打撃エネルギーが逸散しない所を選定。厚さが 100 ㎜以上を持つ床版や壁部材、または 1 辺の長さが 150 ㎜以上の断面をもつ柱や梁部材のコンクリート表面とする。また、部材の縁部から 50 ㎜以上離れた箇所とする。

留意点： リバウンドハンマー使用時の確認：テストアンビルによる検定を 500

回に 1 回実施。製造時の反発度から、3%以上異なっているものは用いては
ならない。

測定方法：1 箇所の測定は互いに 25 〜 50 ㎜の間隔を持った 9 点について測定
する。測定器は測定面に対して垂直に配置して打撃する。測定値については、
反響やくぼみなどから判断して明らかに異常と認められる値、又はその偏差
が平均値の 20%以上となる値があれば、それを棄却し代わりの値を補う。

反発度 R ＝有効な 9 個の測定値の合計／ 9

補正

①測定面の角度によって補正を行う。測定は面に対して水平を基準。下向きは
プラスの補正。

②測定面の含水率によって反発度が変化するので補正を行う（湿っている場合
は反発度が小さくなる）。

その他試験：局部破壊による強度推定。

MEMO

2 - 3　ひび割れ、はく離、空洞

（1）サーモグラフィー

原理：赤外線カメラを用いて物体から照査される赤外線を検出し、温度分布図
　　として表示する方法。コンクリート構造物に適用した場合、構造物中に欠陥
　　が存在すると健全部との表面温度差として表れる。内部に生じた空隙等の欠
　　陥が断熱層となる。

測定の基本：晴天日で日射受熱量が最大、あるいは最高気温、最低気温となる
　　時間に測定。空洞、ひび割れ、浮き等の異常物付近の表面温度が明確な時。
　　検出深度は表面から 50 mm程度。

▼ 健全部と欠陥部の温度変化 ▼

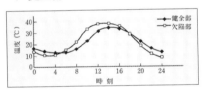

▼ 地覆のはく離、浮き ▼

（2）弾性波

概要：発振子に超音波や、ハンマー等の衝撃弾性波、打音等の弾性波を発生さ
　　せこれを受振子で測定し、内部の欠陥、ひび割れ・剥離・空洞の探査。周波
　　数の高いものはコンクリート中の減衰が大きいと伝播距離が短く（50kHz
　　以上で部材寸法や欠陥深さが 2 ～ 3m）、検出可能な欠陥の最小寸法は小さ
　　くなり、周波数が低いと減衰が小さく伝播距離が長くなり（数 kHz で伝播
　　距離を 10m 以上可能）、検出可能な欠陥の最小寸法は大きくなる。

手法

①超音波法：発振子から発射された弾性波を受振子で測定し、その伝播時間と速度から内部の欠陥までの距離を測定する。周波数20kHz以上。

②衝撃弾性波法：ハンマーを使用してコンクリート表面を打撃し、これを受振子で測定する。周波数20kHz以下。

③打音法：ハンマーなどによる打撃でコンクリート中に弾性波を発生させ、これが空気中に放射されたものを測定する。周波数20Hz～20kHz。測定が簡便。

○周波数が高くなると、伝播距離が短く、検出される欠陥の最小寸法は小さくなる。

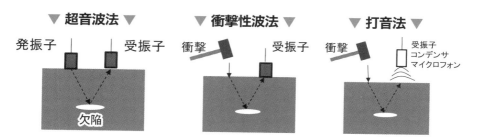

(3) AE（アコースティック・エミッション）

原理：過去を上回る荷重が作用すると、ひび割れが発生する等により弾性波（カイザー効果）を検出することで、構造物のひび割れ発生の監視を行う。

適用対象：供用中のコンクリート床版、柱、梁等の構造部材。

MEMO

2－4　かぶり・埋設物

(1) 電磁波レーダー

概要：コンクリート構造物内に電磁波を放射し、鉄筋・配管・空洞などから反射して戻ってくる際の伝達時間によって、鉄筋や空洞の位置・部材厚等を測定するものである。使用周波数域は 400MHz ～ 1GHz。すぐ結果が得られる簡便な手法であるが作業者の技量や経験に依存する。

適用箇所：鉄筋・配管、ひび割れ、はく落、空洞、躯体厚（トンネル覆工）。

周波数：周波数が大きいと減衰が大きく、小さいものが対象。遠くや大きいものは周波数を小さく。

配筋について：基本的には埋設物や空洞部の調査で、鉄筋径等の詳細は不可。

千葉県で実施した供用年数 39 年の壁式橋脚での調査事例を示す。

▼ 調査事例 ▼

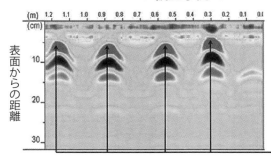

(2) 電磁誘導

概要：鉄筋径および鉄筋位置の探査。コイルに交流電流を流し測定する。測定は径の大きな鉄筋程、深い位置までの探査が可能であり、かぶり厚さが薄い程測定精度が高い。

対象：コンクリート中の鉄筋（位置、かぶり、径）、鉄筋以外の埋設金属。コンクリート中に空隙やジャンカ等があっても鉄筋位置の推定が可能。

測定：プローブを左右に走査を繰り返し、鉄筋探査を行う。この時に、鉄筋径か、かぶりが既知であると、精度向上。径の大きな鉄筋ほど深い位置まで探査が可能、かぶり厚さが薄いほど測定精度が高い。

適用：仕上げ材の影響を受けない。空洞、ジャンカがあってもOK。ピッチが密なものは困難。深さ20cm程度まで。

(3) X線

概要：X線を照射し、裏面にフィルムを配置して鉄筋やひび割れなどコンクリート内部の様子を撮影。放射線を扱うため、エックス線作業主任者による安全管理を行うことが重要である。

対象：鉄筋や配管などの埋設物、空洞やひび割れ。精度が高いが非効率的。

適用：一般的な適用は400mm程度。

▼ 電磁誘導法による鉄筋探査方法 ▼

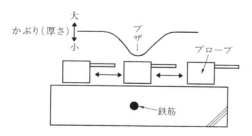

▼ 鉄筋探査結果 ▼

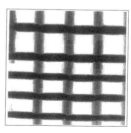

MEMO

2－5　中性化深さ・塩化物イオンの測定

(1) 中性化深さ

JIS A 1152（コンクリートの中性化深さの測定方法）ではフェノールフタレイン 1%溶液を用いた中性化深さの測定方法が規定されている。フェノールフタレインは pH10 以上で赤紫色に呈色する。測定方法を以下に示す。

はつりによる方法（JIS A 1152）：コンクリートを鉄筋位置まではつり、コンクリート粉を除去した後中性化を測定する。これは、鉄筋の腐食状態の確認と併せて行われることが多い。

①測定面の処理が終了した後ただちに測定面に試薬を噴霧する。測定面を長時間空気中に放置すると測定面が炭酸化する恐れがあるので、採取後はただちに測定を行うか、できない場合はラッピングフィルム等で測定面を密封しておく。

②測定箇所はコンクリート表面から赤紫色に呈色した部分までの距離を 0.5 mm の単位で測定する。

<u>注）ⅰ</u>．鮮明な赤紫色に着色した部分より浅い部分に薄紫色の部分が現れる場合がある。このような場合は、鮮明な赤紫色の部分までの距離を中性化深さとして測定する。

<u>注）ⅱ</u>．中性化深さの測定は、測定位置に粗骨材の粒子がある場合は、粒子の両端の中性化位置を結んだ直線状で測定する（P29 の図を参照）。

コア採取による方法（JIS A 1152）：コア採取により行う中性化深さの測定は、コア側面と割裂面で行うものがある。側面で行う場合は側面に付着するのろを水洗いして除去し、乾燥後に測定を行う。

ドリル法：上記の 2 方法は構造物の損傷問題、補修のための手間や費用が発生する問題が生じる。これを解消するために提案されたのがドリル法である。これは、コンクリート構造物をドリルでゆっくりと掘削し、その掘削粉にフェノールフタレインを噴霧したろ紙で受けることで中性化深さを測定する。

(2) 塩化物イオン含有量

試料採取：コア採取後ウエス等で表面水を拭いた後、ビニール袋で密封貯蔵。水中養生は避ける。コアからコンクリート片のスライスは乾式で行う。コンクリート片は骨材を含めて全量 149μm ふるい通過まで微粉砕。

全塩化物量：硬化コンクリート中に含まれる塩化物の全量。強酸（硝酸等）を加えて 30 分かくはんし、コンクリートをほぼ完全に分解した後、加熱煮沸することによって抽出する。

可溶性塩化物量：コンクリートの水分中を動きやすい塩化物で、鋼材の腐食に影響するもの。試料を 50℃ に温め、50℃ の温水で 30 分間振とうした後、保温・静置してろ液を採取する。

【主な測定方法】

塩化銀沈殿法（重量法）：塩化物イオンと銀イオンを反応させて析出した塩化銀の重量を測定。

モール法（容積法）：クロム酸カリウムを指示薬とし、硝酸銀溶液で滴定する。硝酸銀とクロム酸が反応し、赤褐色のクロム酸銀の呈色反応。

クロム酸吸光光度法：クロム酸銀を加え、クロム酸イオンの吸光度を測定。

電位差摘定法：硝酸銀による適定。終点決定に電位差を利用する。

▼ 表　塩化物イオンの測定方法 ▼

測定原理による区分	測定方法名称
重量法	塩化銀沈殿法
容積法	モール法、硝酸第二水銀法
吸光光度法	チオシアン酸第二水銀法、クロム酸銀法
電気化学的方法	電位差適定法、イオン電極法、電導度適定法、電量適定法

47

2－6　鉄筋腐食の判定

(1) 自然電位測定　（出題が多い）

概要：電子は鋼材中をアノード域からカソード域に流れ、アノード部（腐食部）の電位が卑側に変化する。この電位測定による鉄筋の腐食推定。鉄筋を＋、コンクリートを－として電位差を測定。

調査方法：照合電極の先端は含水させたスポンジ等を巻きつけコンクリート表面に保持。電位差計の分解能は 1mV 以下の直流電圧計。照合電極は銅硫酸銅電極、銀塩化銀電極、鉛電極、カロメル電極等。

▼ 自然電位測定法 ▼

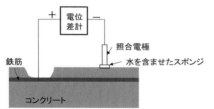

▼ 測定結果の事例 ▼

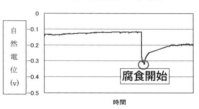

▼ ASTM C876 による鉄筋腐食性評価 ▼

自然電位 E （V　vs CSE）	鉄筋腐食の可能性
－ 0.20 ＜ E	90%以上の確率で腐食なし
－ 0.35 ＜ E ≦－ 0.20	不確定
E ≦－ 0.35	90%以上の確率で腐食あり

(2) 分極抵抗法

概要：内部鉄筋に微弱な電流、または電位差を負荷し、腐食速度を求める。腐食の可能性および腐食量の推定。分極抵抗を求める方法は直流法と交流法に大別されるが、一般に交流法が主流。

対象：腐食ひび割れが発生する前の評価に有効。（将来の予測）

調査：かぶりコンクリートの含水率に左右。コンクリート面を湿布で覆う。

$$\triangle E = Rp \cdot \triangle I \qquad I_{corr} = K \cdot 1/Rp \qquad （K=0.026V）$$

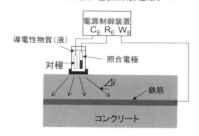

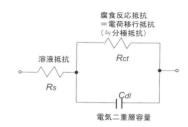

（3）鉄筋腐食量調査

概要：構造体から直接鉄筋を切り出し、10％クエン酸アンモニウム溶液60℃で、1日〜数日浸漬し錆びを除去した後、直ちに測定を行う。

腐食面積率：鉄筋表面での腐食面積を求める。

質量減少率：錆を除去し重量の減少量を求める。

コンクリートの配合推定方法：

①セメント協会法

② ICP を用いる方法

③フッ化水素酸を用いる方法

④グルコン酸ナトリウムを用いる方法

①**セメント協会法**：コンクリート塊、乾燥、105 μmふるいに通過と微粉砕、600℃で強熱減量（結合水を分解）、N/10 の塩酸→水、セメント、骨材量骨材に石灰石や貝殻が入っていると、塩酸により溶解される。

② **ICP を用いる方法**：セメント中の酸可溶性シリカを測定する。石灰石を用いたコンクリートにも適用できる。

③**フッ化水素酸を用いる方法**：石灰石や貝殻の影響を受けない。

④**グルコン酸ナトリウムを用いる方法**：骨材中のカルシウムを溶解せず、セメント水和物中のカルシウムを溶解する。ただし、炭酸カルシウムを溶解しないため、中性化しているコンクリートへの適用は不可。

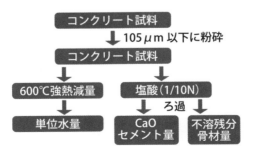

▼ **セメント協会法** ▼

▼ 表　アルカリシリカ反応の主な調査方法 ▼

測定項目	測定方法
骨材中の反応性鉱物	偏光顕微鏡観察、SEM、X線回折
促進膨張試験 （残存膨張量の測定）	（残存膨張量の測定） コンクリートコアを促進環境下にて養生し、今後の膨張の可能性を判定する試験。 JCI-DD2法：温度40℃、湿度100%条件下にて養生。判定基準は、阪神道路公団で全膨張量0.1%を超えるものを有害、建設省で促進養生13週後の膨張量が0.05%以上となるものを有害または潜在的有害。 デンマーク法：温度50℃の飽和NaCl溶液中に浸漬。 カナダ法：温度80℃の1N-NaOH溶液中に浸漬。
骨材のアルカリシリカ反応性試験	骨材に付着したセメント水和物を塩酸により溶解して試料を採取する。 化学法（JIS A 1145）：調整した骨材試料を80℃の1N-NaOH中に24時間浸漬させた後、ろ液の溶解シリカ量とアルカリ濃度減少量から「無害」または「無害でない」を判定する方法。 モルタルバー法（JIS A 1146）：水酸化ナトリウムを添加し、等価アルカリ量（1.2%）にしたモルタル供試体を湿気箱（温度40℃、相対湿度100%）に保存し6カ月後の膨張量を測定する。膨張率0.1%以上であれば「無害でない」と判定する。
アルカリシリカゲルの判定	偏光顕微鏡観察、蛍光X線分析、SEM、酢酸ウラニル蛍光法
アルカリ量の測定	微粉末試料による分析：コンクリート試料を微粉砕して調整し、強酸処理や熱水抽出によって抽出したアルカリ（Na^+、K^+）を含む水溶液サンプルを、吸光光度計等を使用し含有量を測定する。 コア試料による分析：コンクリートコアを密封容器内で加圧し採取された細孔溶液のOH^-、Na^+、K^+を測定する。

MEMO

セメント水和組織の微細構造

(1) 走査型電子顕微鏡（SEM）

エトリンガイト

原理：顕微鏡の一種でセメント硬化体組織、アルカリシリカゲル、エトリンガイトの生成状態を調査。

適用対象：無機物、有機物を問わず、ほとんどの観察が可能。拡大倍率は、条件が整えば 500 万倍まで可能。

サンプル：小豆大のサンプルがあれば OK。前処理としてサンプル表面に薄膜の金属を蒸着。金属としては炭素、金が一般的。

精度・適用限界：水を含んでいるサンプルは装置に悪影響。物質の特定は難しく専門技術者の判断を仰ぐことが必要な場合もある。

(2) 電子線マイクロアナライザー（EPMA）

対象：コンクリートの断面内における炭酸化、塩化物イオンの侵入状況、下水道劣化の侵入状況等の面分析。参考例は、中性化により表面付近の炭素濃度が高く、内部の塩分濃度が増す。

測定：サンプルカッティング→鏡面研磨（潤滑剤に水の使用厳禁）→超音波洗浄機によりアセトン洗浄→乾燥→金属蒸着→ EPMA 分析

▼ 中性化と塩化物イオンの事例 ▼

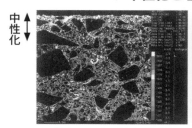

中性化

炭素の分布（白＝炭素）

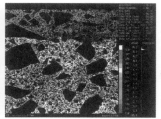

内部

中性化により塩化物が内部へ（中性化フロント現象）

塩化物の分布（白＝塩化物）

（3）水銀圧入式ポロシメーター

水銀に圧力をかけコンクリート内に圧入し、加えた圧力と押し込まれた水銀容積との関係から細孔分布を求める。

（4）示差熱重量分析（TG-DTA）

試料の温度を変化させながら、重量変化を測定し、定性・定量を行う。⇒火害コンクリートの受熱温度の推定

（5）X 線回折

物質にX線を照射し、回折角度により物質の結晶構造を把握し、含有成分の同定を行う。⇒岩石中の成分分析

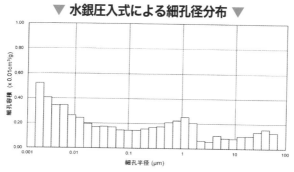

▼ 水銀圧入式による細孔径分布 ▼

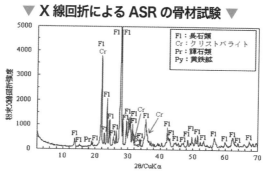

▼ X 線回折による ASR の骨材試験 ▼

2－9 ASR の分析判断

（1）反応性鉱物の岩石学的な判断

①偏光顕微鏡観察　　② SEM（走査線電子顕微鏡）

③X線回折　　　　　④ EPMA（電子線マイクロアナライザ）

▼ 偏光顕微鏡観察の一例 ▼

メイジテクノ(株)HPより

凡例

P l：斜長石

Cp：単斜輝石

G l：ガラス

C r：クリストバライト

Oq：不透明鉱物 0

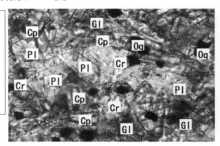

（2）アルカリシリカ反応性試験

化学法（JIS A 1145）：粉砕した骨材試料を 80℃の 1N-NaOH 中に 24 時間浸
　漬⇒ろ液の溶解シリカ量とアルカリ濃度減少量から「無害」または「無害で
　ない」かを判定する。

モルタルバー法（JIS A 1446）：水酸化ナトリウムを添加して等価アルカリ量
　（1.2%）のモルタル供試体を、湿気箱（温度 40℃、相対湿度 100%）に保
　存し 6 カ月後の膨張量を測定する。膨張率 0.1%以上であれば「無害でない」
　と判定。⇒反応が遅い結晶格子石英やチャートは不適切。

(3) コンクリートコアに対して行う試験

①促進膨張試験（残存膨張量の測定）

JCI-DD2 法：温度 40℃、湿度 100%条件下で養生し、判定基準は下記の通り。

阪神道路公団：全膨張量 0.1% を超える場合

建設省：13 週で膨張量 0.05% 以上

デンマーク法：温度 50℃の飽和 NaCl 溶液中に浸漬し、3 ケ月で 0.1% 未満は膨張性なし。

カナダ法：温度 80℃の 1N-NaOH 溶液中浸漬により、14 日間で 0.1% 以下は無害。

②アルカリシリカゲルの判定

・蛍光X線分析

・酢酸ウラニル蛍光法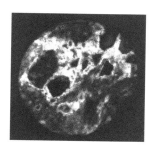

・偏光顕微鏡観察

・SEM（走査線電子顕微鏡）

(4) その他

アルカリ量の測定：コンクリート試料を粉砕した微粉末試料やコア試料により、コンクリート中のアルカリ（Na^+、K^+）を採取してアルカリ量を測定し、診断の材料とする。

MEMO

2－10 疲労による損傷

（1）累積疲労損傷度および床版の疲労

コンクリートが繰返し応力（荷重）を受けて破壊した時の強度を疲労強度という。一般に RC 梁の 200 万回疲労強度は静的強度の 60 ～ 80％である。疲労による劣化進行を累積疲労損傷度で予測する。

累積疲労損傷度 M$= \dfrac{n_1}{N_1} + \dfrac{n_2}{N_2} + \cdots$

n_1、n_2：それぞれの応力度σ_1、σ_2で繰返される回数
N_1、N_2：それぞれの応力度σ_1、σ_2における破壊までの繰返し回数

▼ 表　床版の劣化過程 ▼

劣化過程	潜伏期	進展期	加速期	劣化期
	状態 I	状態 II	状態III	状態IV
状態	橋軸直角方向のひび割れで施工後の初期段階に発生するものと、曲げひび割れが主鉄筋に沿って発生する。この種のひび割れは床版の耐荷力の低下に影響を与えない。	曲げひび割れが成長して、二方向のひび割れに進展する。ひび割れの密度が大きくなっても、鉄筋コンクリート床版の連続性は失われず、耐荷力は特に問題とならない。	ひび割れの網細化が進み、ひび割れ幅の開閉やひび割れ面のこすり合わせにより、せん断耐力が低下する。このような状態になると、押抜きせん断耐力が低下し、床版の陥没が生じる。	床版に陥没が生じると、耐荷力が大幅に低下する。当然、供用が困難となる。このような状態になると、補修費用が増大する。

MEMO

56

（2）曲げ剛性、振幅、固有振動数間の関係

振動数：単位時間内に繰り返される振動の回数
固有振動数：物体が自然に振動したときの物体特有の振動数

下の図は、鉄筋コンクリート（RC）梁のスパン中央に集中荷重が作用したときのひび割れとたわみの模式図である。ひび割れは疲労などにより時間の経過に伴い成長し、RC梁の振幅は増大する。ひび割れが発生し成長すると、断面二次モーメントも減少するため、RC梁の曲げ剛性は低下する。
曲げ剛性が低下すると、RC梁は変形が増し振動時の振幅も大きくなる。振幅が大きくなると、振動の周期も長くなる。周期は振動数の逆数であるので、RC梁の固有振動数は小さくなる。すなわち、ひび割れの成長に伴い、RC梁においては、曲げ剛性の低下、変形・振幅の増大、固有振動数の減少が起こる。橋梁を例にとり、橋に風や車両荷重などの外力を受けた場合を考える。このとき、外力による揺れの振動数と橋の固有振動数が一致したとき、橋が大きく振動する共振現象が発生する。この現象が発生すると、橋の振幅が大きくなってひび割れが成長するため、構造物の寿命は短くなる。

▼ 図　鉄筋コンクリート（RC）梁におけるひび割れと振幅の状況 ▼

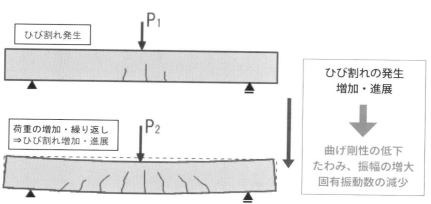

3 補修・補強

3－1 補修の目的・ひび割れ補修工法

(1) 補修の目的

耐久性の回復・向上。第三者影響度の低減。ひび割れ補修、断面修復、表面被覆、電気化学的補修等。劣化要因・劣化程度に応じた工法を選択する。

▼ 主な補修工法 ▼

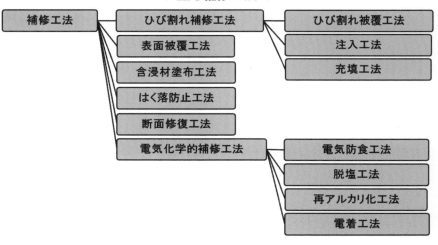

```
補修工法 ┬─ ひび割れ補修工法 ┬─ ひび割れ被覆工法
         │                    ├─ 注入工法
         │                    └─ 充填工法
         ├─ 表面被覆工法
         ├─ 含浸材塗布工法
         ├─ はく落防止工法
         ├─ 断面修復工法
         └─ 電気化学的補修工法 ┬─ 電気防食工法
                               ├─ 脱塩工法
                               ├─ 再アルカリ化工法
                               └─ 電着工法
```

MEMO

（2）ひび割れ補修工法

①ひび割れ被覆工法：微細なひび割れ（幅 0.2 mm以下）
ひび割れを被覆することにより防水性・耐久性を向上。
塗膜弾性防水材やポリマーセメントなどを使用。
環境条件に応じた材料の選定。

②注入工法：幅 0.2 〜 1.0 mmのひび割れ
・高分子系（エポキシ樹脂やアクリル樹脂）：ひ
び割れ間の一体性に優れているが、漏水や湿
潤環境など水分が存在すると接着不良。エポ
キシは JIS で環境に応じて 12 タイプ。

・セメント系、ポリマーセメント系：安価、熱膨
張率がコンクリートに近い。湿潤状態が使用
の基本条件。ひび割れが乾燥状態では閉塞す
るため不可。

③充填工法：0.5 mm以上の大きなひび割れ、鋼材
腐食無し。Uカット（Vカット）を行い、ひ
び割れの動きがある場合、シーリング材（ウ
レタン樹脂やシリコン樹脂）、可とう性エポ
キシ樹脂を充填。ひび割れに動きがない場合、
ポリマーセメントモルタルの使用。

▼ ひび割れ注入工法 ▼

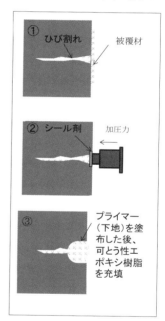

①ひび割れ／被覆材

②シール剤／加圧力

③プライマー（下地）を塗布した後、可とう性エポキシ樹脂を充填

MEMO

3 - 2 補修工法

(1) 断面修復工法

目的：コンクリートの断面が喪失した場合の修復。

方法：かぶり部分の劣化コンクリートを除去し、新たにポリマーセメントモルタル等で充てんする。鋼材が腐食している場合には錆の除去や添え筋を行い、防錆材を塗布する。補修後のマクロセル腐食に注意する。（重要）

修復材：エポキシ樹脂モルタルやポリマーセメントモルタルによる注入・充填工法。

断面が大きい場合：コンクリートによる吹付け工法も行われる。躯体コンクリートと品質が近く、施工性が良好で乾燥収縮が小さいものを使用すること。

▼ 断面修復工法 ▼

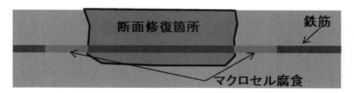

(2) 表面被覆工法

表面を高分子系樹脂やポリマーセメント系の材料で被覆し、劣化因子を抑制することで構造物の耐久性向上。高分子系樹脂の主剤はエポキシ、アクリル、ウレタン、ウレア等。耐薬品性、接着性に優れ、耐候性に劣る。また、絶縁性があるため電気化学的補修工法等を行う場合には注意が必要である。

▼ 表面被覆工法の一例 ▼

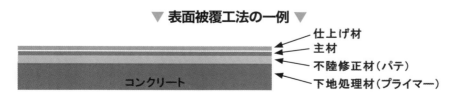

（3）含浸材塗布工法

工法の概要：コンクリート表面から材料を浸透させ、劣化因子の侵入抑制、品質の回復、鉄筋腐食抵抗性の向上。表面被覆工法と比較して、施工作業が容易で工期短縮、施工費も安価。

使用材料の種類

①シラン系

浸透性吸水防水材。水分と塩化物イオンの侵入を抑制する。しかし、透気性を有するため、炭酸ガスの侵入は防止できない。

②ケイ酸系

ケイ酸リチウム系…コンクリート内部にアルカリ性付与効果

ケイ酸ナトリウム系…細孔内への結晶の生成によってコンクリート内部を緻密にし、劣化因子の侵入を抑制する。また、中性化したコクリートへのアルカリ性付与の効果も有する。

③塗布型防錆材：塩害により劣化した RC 構造物の補修。鉄を不導体化させる亜硝酸リチウムをコンクリート表面より塗布、含浸させて鉄筋の腐食環境を改善する。

（4）はく落防止工法

工法の概要：建築物外壁のモルタル、タイル仕上げ層のはく落対策で第 3 者被害防止。

主な使用材料の種類：アンカービン、ワッシャー、ネット、結合材

工法の手順：「下地補修」→「洗浄・清掃」→「下地調整」→「モルタルまたは樹脂の上塗り」→「アンカー挿入部の穿孔」→「アンカー固定」

MEMO

3-3　電気化学的補修工法

（1）電気防食工法

概要：塩害による劣化が対象で、鉄筋の腐食反応を停止させる工法。基本的に劣化段階を問わず適用でき、通電前にひび割れ注入、断面修復などの小規模補修を行う。

工法：コンクリート表面から鉄筋に $10mA/m^2$ 程度の直流電流を流し、アノード反応を停止させる。電流を流し続ける外部電源方式と亜鉛など陽極材による流電陽極方式がある。

陽電システム設置：外部電源方式は電源、チタンメッシュ等の陽極材を設置。流動陽極材は亜鉛シート等の設置。鉄筋は陰極（マイナス）

維持管理：定期的に陽極材等の防食回路の健全性を点検。

水素脆化：防食電流によって、鉄筋周辺の水分が電気分解（$2H_2O+2e^- \rightarrow H_2+2OH^-$）を起こす。鋼材の電位が -1000mV vs.CSE よりマイナスの電位になると水素が鋼材に吸収されることで、鋼材の強度が低下する。これは鋼材の強度が大きいものほど起こりやすいため、PC鋼材において考慮が必要となる。

▼ 外部電源方式 ▼

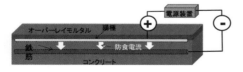

▼ 流電陽極方式 ▼

MEMO

脱塩工法：外部電極とコンクリート中の鋼材との間に直流電流を流し、電気泳動によって塩分を除去する。鉄筋はマイナス電極、電解液として $Ca(OH)_2$ を使用する。

再アルカリ化工法：電気浸透によってコンクリート中のアルカリを回復させる。電解液として Na_2CO_3 等を使用する。

電着工法：一般に海水中のカルシウムイオンやマグネシウムイオンをコンクリート表面に析出させ、ひび割れの閉塞および表層部の緻密化。⇒海中でのひび割れ補修

電気化学的補修工法は副次的に鉄筋近傍で OH^- を発生させるため、ASR 骨材や反応に注意が必要。

通電期間：脱塩工法は約 8 週間、再アルカリ化工法は 1 〜 2 週間

維持管理：脱塩、再アルカリ化確認後に装置の撤去。

ポイント：電気防食工法はすべて鉄筋を陰極に接続 !!

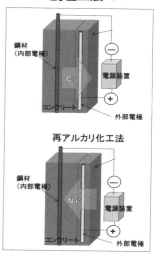

▼ **脱塩工法** ▼

鋼材
（内部電極）

C

電源装置

コンクリート

外部電極

再アルカリ化工法

鋼材
（内部電極）

Na⁺

電源装置

コンクリート

外部電極

▼ 電気化学的補修工法の比較 ▼

	電気防食工法	脱塩工法	再アルカリ化工法	電着工法
通電期間	防食期間中継続	約 8 週間	約 1 〜 2 週間	約 6 カ月間
電流密度 (A/m^2)	0.001 〜 0.03	1	1	0.5 〜 1
通電電圧 (V)	1 〜 5	5 〜 50	5 〜 50	10 〜 30

補修・補強材料

（1）ポリマーセメント系

ポリマーセメント系材料：ポリマーセメントモルタル、ポリマーセメントコンクリート

用途：ひび割れ注入、断面修復、増厚・断面増加、空隙充填

特徴：①コンクリートに比べ高コストのため大断面には不向き、②接着性に優れる、③引張・曲げ強度が大きい、④変形性能が大きくひび割れを生じにくい、⑤中性化速度が遅い、⑥自己収縮などの収縮量が増加、⑦吸水率が低下し、遮塩性や耐凍害性が向上、⑧粘性が増し作業性が低下、⑨流動性、空気量の管理が難しい、⑩湿潤箇所に適用できるが、5℃以下で硬化遅延、⑪電気抵抗が大きく、電気化学的モニタリングおよび防食工法が適用しにくい。

	セメント系	ポリマーセメント 小 ← P/C → 大	高分子系
弾性係数	高 ←		→ 低
曲げ強度	低 →		高
引張強度	低 →		高
接着性	可 →		良
湿潤面接着性	可 →	良	
熱膨張係数	小 →		大
吸水率	大 ←		小

(2) 高分子系

高分子材料	利　点	欠　点
エポキシ樹脂	耐薬品性・耐水性・耐久性 (30 年) コンクリートとの接着性 硬質形および軟質系、粘性による区分が低・中・高と 3 区分、施工時期による区分が一般用と冬季と種類が豊富	耐候性
シリコン樹脂	はっ水性・耐久性（12 ～ 15 年）	耐汚染性
ポリエステル樹脂	耐摩耗性	可使時間が短い
ビニールエステル樹脂	加工性・耐摩耗性・耐薬品性・防食性	耐火性
ウレタン樹脂	耐候性・速乾性・可とう性	高湿度時に発泡 耐久性（7 ～ 10 年）
アクリル樹脂	安価・防水性・可とう性	耐久性（5 ～ 7 年）
フッ素樹脂	難燃性・親水性・耐薬品性・非粘着性	高価（シリコン系の 3 倍）

MEMO

（3）繊維系材料

金属系材料に比べて軽量、非腐食、引張強度が鋼材の数倍～10倍以上と大きい。ただし、降伏点を示さず脆性的に破壊する。

炭素繊維：①他の繊維と比べ、ヤング係数大、破断時の伸びは小さく、耐衝撃性が弱い。②酸、アルカリなどの耐薬品性、耐候性に優れる。③導電性がある。

アラミド繊維：①炭素繊維と比べてヤング係数小、破断時の伸びは大きく、耐衝撃性に優れる。②紫外線に弱い。③緊張材として用いた場合、プレストレス損失を抑えることが出来る。

ビニロン繊維：①他繊維に比べ引張強度、ヤング係数は劣る。②耐アルカリ性に優れる。

ガラス繊維：①低価格。②熱膨張係数がコンクリートに近い。③耐アルカリ性に劣る。

形状ごとの特徴

短繊維：①変形時のじん性確保、乾燥収縮ひび割れの抑制、ひび割れ幅の抑制。②火災時の爆裂防止

シート、メッシュ：はく落防止のための表面被覆として使用

棒状：コンクリート部材中の鋼材代替の引張補強材として使用

```
MEMO




```

▼ 表　各種繊維の物性 ▼

項目＼種類	有機系繊維		無機系繊維		PC 鋼線（参考）
	アラミド	ビニロン	炭素	E ガラス	
密度（g/ cm²）	1.45	1.3	1.8	2.6	7.85
引張強度（N/ mm²）	2800	700 〜 1500	2600 〜 4500	3500 〜 3600	1950
弾性係数（kN/ mm²）	130	11 〜 37	235	75	201
破断時伸び（%）	2.3	7.0	1.3 〜 1.8	4.8	6.4
熱膨張係数（× 10⁻⁶/℃）	-2 〜 -5	—	0.6	8 〜 10	12

金属材料

主な用途：鋼板接着・巻立て工法、鋼板巻立て工法、プレストレス導入工法。

主な特徴：熱や電気を伝えやすく、鉄鋼、銅などは密度が大きく、アルミニウム、チタンなどは密度が小さい。

▼ 表　主な金属材料の標準物性 ▼

	鉄鋼				非鉄金属				コンクリート
	異形棒鋼	PC鋼棒	鋼板	ステンレス鋼	アルミニウム	銅	チタン	亜鉛	
密度（g/ cm²）	7.85	7.85	7.85	7.93	2.71	8.9	4.51	7.13	2.2 〜 2.5
弾性係数（kN/ mm²）	210	201	206	193	68.6	117	106	—	2.0 〜 3.0
熱膨張係数（× 10⁻⁶/℃）	12	12	12	17.3	23.6	16.8	8.9	31	7 〜 13
熱伝達率（W/m・K）	74.6	74.6	74.6	16.3	221.8	389.1	17.1	109	1.5 〜 3.3
引張強さ（N/ mm²）	440以上	1950	433	618	108	343	392	—	—
伸び（%）	12 以上	6.4	41	59	12	6	42	—	—
磁性	あり	あり	あり	なし	なし	なし	なし	なし	—

3－5 補強工法

(1) 増厚工法

①上面増厚工法

床版コンクリートのコンクリート厚さを増し、疲労強度を大きくする。既設コンクリートとは鋼繊維コンクリートを打設し、一体化する。⇒ RC 床版の押抜きせん断に対する耐荷性能向上。これに補強鉄筋を配置する鉄筋補強上面増厚工法もある。⇒＋曲げ耐力の補強

交通規制が必要で超速硬セメント使用が多い。

②下面増厚工法

ひび割れ補修後鉄筋などを配置し、ポリマーセメントモルタルを吹付け。左官仕上げ、もしくは吹付け施工。⇒曲げ耐力の向上

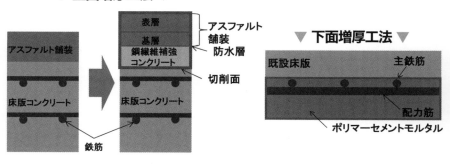

MEMO

▼ 荷重（地震力）P と柱の変位 δ ▼

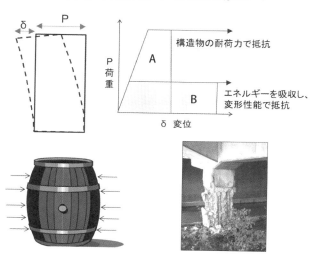

耐震性能：地震荷重 P が作用すると、変位δが生じる。耐力が大きい A と粘り強い B で、同一面積であれば同一の耐震性能を有する。地震後の残存変位は耐力の大きい A が B に比べて小さい。帯筋量が小さく、粘りのない構造物は倒壊しやすい。

帯筋はビア樽のタガ効果のような性能を発揮する。写真は帯筋量が不足しており、かぶりおよび内部コンクリートの破壊が生じている。鋼板や繊維シートによる巻立て補強は、鉄筋の座屈とコンクリートの崩壊を防止することにより、変形性能を増大させる。これは B の補強を意味する。

MEMO

(2) 巻立て工法

①鋼板巻立て工法

厚さ 6 〜 12 mm の鋼板を橋脚の外側に巻き、隙間に無収縮モルタルやエポキシ樹脂を充てんする。阪神・淡路大震災後の復旧・補強工事に多用された。変形性能を向上させる。死荷重（自重）の増加が少なく、基礎への負担軽減。

② RC 巻立て工法

主鉄筋および帯鉄筋を配置し、厚さ 250 mm 以上のコンクリートで巻き立てる。荷重および変形性能を向上させる。ただし、部材寸法が増大するために建築限界、基礎への負担増加などの対応が必要となる。

③ FRP（連続繊維）巻立て工法

幅 250~500 mm の炭素繊維シートにエポキシ樹脂を染み込ませながら柱の周囲に巻きつける工法。軽量で施工性に優れている。炭素繊維は鉄と比較して引張強度約 10 倍、重量は 1/4 と極めて重量比強度が高い材料である。

▼ 鋼板巻立て工法 ▼

▼ FRP（連続繊維）巻立て工法 ▼

▼ RC 巻立て工法 ▼

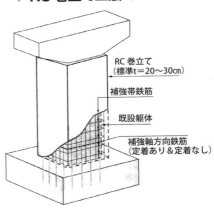

RC 巻立て
（標準t＝20〜30cm）

補強帯鉄筋

既設躯体

補強軸方向鉄筋
（定着あり＆定着なし）

コンクリート工学　Vol.46,No.4,2008.4

（3）外ケーブル工法

PC鋼材をコンクリート内部に設置せずコンクリート部材の外側に設置してプレストレスを与える工法。PC鋼材は防錆処理が施され、プレストレスを導入され耐荷性能が改善される。診断士試験で出題が多くみられる。交通規制の必要無し、補強後の維持管理が容易などの特長を有する。

外ケーブル工法：ケーブルの緊張による逆曲げモーメントを作用させる

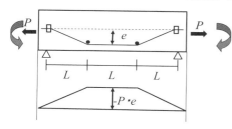 

（4）接着工法

①鋼板接着工法

コンクリート表面（引張応力作用面）に鋼板を取り付け、接着材を注入して一体化を図る。コンクリート橋の床版補修等に用いられる。橋桁の側面に接着することで、せん断補強とする対策もある。

②連続繊維シート接着工法

引張応力作用面に繊維シートを貼り付け、コンクリート部材を補強する。効果としてひび割れの拘束、耐荷性能の向上による補強方法。桁や梁の側面に配置するせん断補強も可能。炭素繊維の使用実績が多い。軽量で作業性が良い（PC箱桁等の狭あい空間）。耐食性（海洋環境）に優れている。

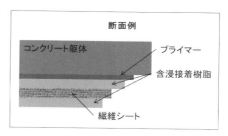

4 構造物

4−1 トンネル

トンネルは堅固な岩盤を掘削する山岳トンネルと軟弱な砂や粘土層を掘削する都市トンネルに分類されるが、ここでは比較的変状が多い山岳トンネルについて説明する。山岳トンネルの覆工の構築は 1980 年ごろまでの在来工法（矢板工法）とそれ以降主流になった NATM に分類される。

在来工法：鋼製支保工と矢板を使用し、上半と下半を分割する多重労働型の施工。覆工コンクリートは天端にコンクリート管を配管して引き抜きながら、1 箇所からの吹込を実施。巻厚管理が徹底しておらず、巻厚不足や未充填が生じやすい。

▼ 在来工法での覆工コンクリートの施工 ▼

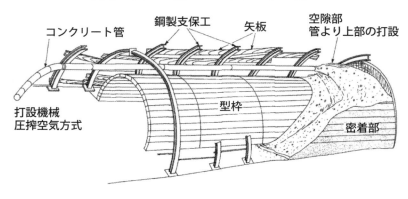

コンクリート管　鋼製支保工　矢板　空隙部 管より上部の打設

打設機械 圧搾空気方式　型枠　密着部

MEMO

NATM（New Austrian Tunneling Method）：NATM は 1970 年代に導入され吹付けコンクリートとロックボルトで地山を安定させた後、覆工コンクリートを打込み完成させる。側壁部は側面に設けられた複数の監視窓からコンクリートの打込みと締固めを行う。また、アーチ部は 1 箇所の吹上口からコンクリートを圧入して妻側まで流動させる。

当初は吹付けコンクリートと覆工コンクリートを一体化していたが、1980年代に裏面に防水シートを配置し、ひび割れ抑制や漏水防止を行っている。狭隘な空間での作業となる覆工コンクリートの打込みはコンクリートの横移動やアーチ部への圧入がコンクリートの耐久性を妨げているとの反省から、中流動コンクリートと型枠バイブレーターの組合せによるコンクリートの均質化、脱型後の湿潤養生の採用により品質向上が進んでいる。

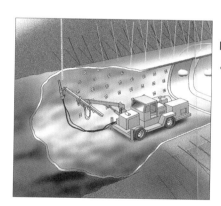

NATM の吹付けコンクリート
とロックボルト

覆工コンクリート用型枠
（移動式セントル）

73

▼ 側壁部とアーチ部のコンクリート打設順序 ▼

側壁部

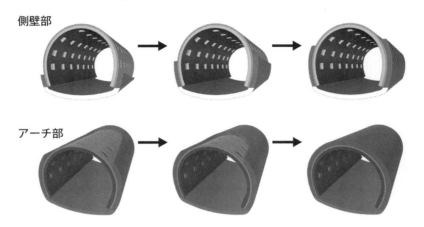

アーチ部

▼ 監視窓から見る打込み前の空間（有筋部）と締固め状況（無筋部）▼

MEMO

覆工コンクリートの変状：覆工コンクリートは厚さ30㎝程度の無筋コンクリートが多く、また狭隘な箇所での施工となるため、地山の変状などの外因とコンクリートの材料や施工などの内因により、①～⑦のパターンのひび割れや変状が生じやすい。

型枠内への打込み時にコンクリートの横流しを行うことが多く、過度の締固めによるブリーディング水の増大やコンクリートの材料分離を生じることもある。①や②のひび割れは、高温多湿のトンネル坑内に低温で乾燥した外気が流入する貫通後に発生しやすい。

▼ 山岳トンネルの覆工に発生する変状パターン ▼

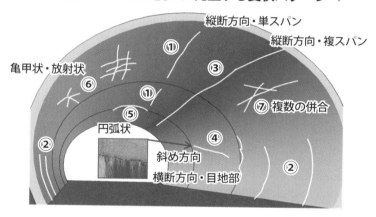

▼ 変状原因の分類 ▼

番号	変状の発生原因
① ②	乾燥収縮、温度応力
③	緩み土圧、偏土圧、空洞の存在
④	コールドジョイント（ひび割れ箇所に汚れ）
⑤	セントル移動時の端部による押し上げ
⑥	材料不良、施工不良による劣化物質の侵入
⑦	覆工厚不足、空洞

（1）全体構造

橋梁は、図 -1 に示すように、上部工の桁を下部工の橋台と橋脚が支える構造
となっている。上部工の桁は鋼橋とコンクリート橋に分けられる。写真 -1 に
鋼橋、写真 -2 にコンクリート橋の例をそれぞれ示す。

▼ 図－1　橋梁の構造 ▼

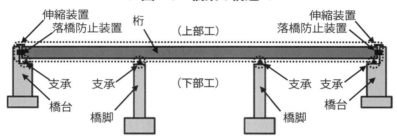

▼ 写真-1　鋼橋の例 ▼

▼ 写真-2　コンクリート橋（ＰＣ橋）の例 ▼

（2）下部工

上部工は走行車両や列車による上載荷重を支持する役割がある。これに対し、下部工は、桁の両端部と中間部にそれぞれ配置した橋台と橋脚により上部工を支持する役割を有する。写真 -3 に橋台、写真 -4 に橋脚の例をそれぞれ示す。橋脚には地震荷重に対する耐震性能が要求される。昭和 55 年道路橋示方書以前に建設された橋脚は耐震性が低く、先行して耐震補強工事が実施されている。また、兵庫県南部地震を契機として橋脚の耐震性能が強化されたため、橋脚内部における配筋は密な状態となっている。

▼ 写真-3　橋台の例 ▼

壁式橋台

ラーメン式橋台

▼ 写真-4　橋脚の例 ▼

Ｔ型橋脚（高速道路の高架橋）

壁式橋脚（河川橋梁）

（3）上部工

上部工の桁は鋼製またはコンクリート製が大部分を占める。写真-5 に鋼桁とコンクリート桁の例を示す。桁上には写真-6 に示すように床版と壁高欄が構築される。

▼ 写真-5　鋼桁とコンクリート桁の例 ▼

鋼2主桁橋　　　　　　　　　　　　ＰＣＴ桁橋

▼ 写真-6　上部工の床版と壁高欄の例 ▼

最近の鋼橋においては、図-2 に示すように、鉄筋コンクリート床版と鋼桁をずれ止めで剛結して一体化させた合成床版が用いられる。

▼ 図-2　合成床版の構造 ▼

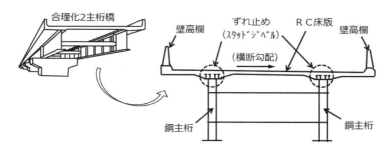

表-1 に合成床版を構成する鋼材とコンクリートの物性値の比較を示す。熱伝導率は部材内部の熱の伝わりやすさ、ヤング係数は部材の剛性をそれぞれ表す。表-1 より、鋼材はコンクリートより 20 倍近く熱を伝えやすく、コンクリートより 7 倍程度堅い材料である。

図-3 に示すように、橋梁に日射による温度上昇が生じた場合、床版のコンクリートは鋼桁の膨張変形による引張力を受ける。また、床版のコンクリートに乾燥収縮が生じた場合、鋼桁が床版の収縮変形を拘束する。

以上より、合成床版は、日射による温度上昇や乾燥収縮の影響により、図-4 に示すような橋軸直角方向のひび割れが施工時に発生しやすい。

▼ 表-1　鋼材とコンクリートの物性値比較表 ▼

材　料	熱伝導率	ヤング係数
鋼　材	51.3 W/m℃	200 kN/ mm²
コンクリート	2.7 W/m℃	28 kN/ mm²
比率 (鋼/コン)	19.0	7.1

▼ 図-3　合成床版の挙動 ▼

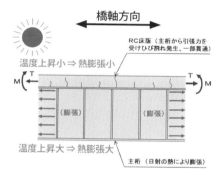

▼ 図-4　合成床版における初期のひび割れ ▼

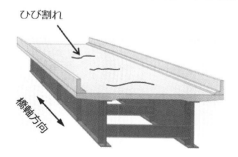

(4) 床版コンクリート

表-2 に床版コンクリートの設計基準の変遷を示す。昭和30年頃のＲＣ床版の最小板厚は140㎜であった。その後、高度成長期に入り交通荷重が年々増加していったことをふまえて、昭和43年以降、最小板厚は160㎜となっている。

▼ 表-2　床版コンクリートの設計基準の変遷(道路橋標準示方書) ▼

年次	配力鉄筋量	許容応力度（kgf/cm²)		最小板厚 (mm)
		鉄筋	コンクリート	
1956(昭和31)	主鉄筋の 25%以上	1300	σ28/3＜70	140
1964(昭和39)		1400	σ28/3＜80	
1968(昭和43)	主鉄筋の 70%以上			160
1973(昭和48)	設計断面力に 対して独立し て設計		σ28/3＜100	
1980(昭和55)				
1990(平成2)		1400（余裕200)		

床版コンクリートの劣化には、路面からの水分の供給が大きく関与する。雨水などは、図-5 に示すように橋梁の縦断勾配や横断勾配にしたがって路面を流下し、ひび割れや桁のジョイント部から床版内部に侵入する。このことは、床版の疲労や凍害を促進し、コンクリートの土砂化による床版の抜け落ちを誘発する。また、上部工からのとくに凍結防止剤を含む排水は下部工の劣化にも関与する。写真-7 は桁と橋台の隙間から供給された水分により橋台に劣化が生じた事例である。

▼ 図-5　橋梁の縦断勾配と横断勾配 ▼

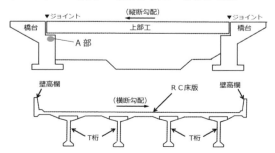

▼ 写真-7　上部工からの 排水により劣化した橋台 ▼

(5) プレストレストコンクリート(PC)桁

ＰＣ桁は、図-6 に示すようにＰＣ鋼材を
配置する場所により内ケーブル工法と外
ケーブル工法に分けられる。図-7 に外
ケーブル工法によるＰＣ桁の状態を示す。

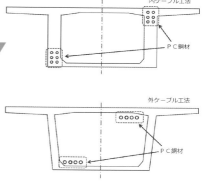

**▼ 図-6　内ケーブルと
　　外ケーブルの配置 ▼**

▼ 図-7　外ケーブル工法によるＰＣ桁 ▼

図-8 に内ケーブル工法のＰＣ桁内部におけるＰＣ鋼材の配置図を示す。桁の側
面において、写真-8 に示すようなＰＣ鋼材に沿った位置に劣化現象が見られる
ことがある。この現象は、図-9 に示すように、上縁定着部よりグラウトの充填不
良箇所を経由して侵入した水分が、鋼材腐食を誘発することにより発生する。

▼ 図-8　ＰＣ桁内部におけるＰＣ鋼材の配置 ▼

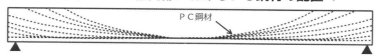

**▼ 写真-8　桁側面のＰＣ
鋼材に沿った劣化状況 ▼**

▼ 図-9　ＰＣ鋼材位置への水分の浸入 ▼

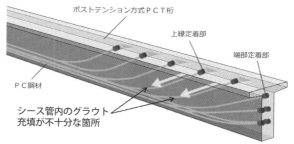

厳選問題活用方法

第1段階：レジュメの活用

レジュメに3回程度目を通して、まずは専門的知識の整理・習得を行ってください。

第2段階：一般問題の解答

一般問題の解答を行ってください。はじめは問題と解説に目を通し、内容を理解することで十分です。問題解答後に再度レジュメを活用してください。必要な専門知識の理解力が向上します。繰返しの反復学習により、専門知識の習得ができます。

第3段階：計算問題の解答

計算問題の解答を行ってください。はじめは問題と解説に目を通し、内容を理解することで十分です。問題解答を繰り返し行ってください。計算問題の後に掲載したポイントを確認してください。計算問題とポイントの反復学習により、計算問題の解答技術が習得できます。

第4段階：追加事項の確認

温度ひび割れや建築の外壁のひび割れ問題も出題されることが多く、温度ひび割れは外部拘束や内外の温度差の影響を把握できれば、容易に解答ができます。また、外壁のひび割れは、レジュメを理解すれば得点できます。そして、施工時の初期欠陥はコンクリートの基本で、レジュメを活用してください。

日頃、化学的な調査を行っていない場合は、微細構造の調査や分析、電気防食に対する理解が難しいと思います。ただし、電気防食はすべて鉄筋を一極に連結すると覚えれば楽になります。

厳選問題

　診断士試験が始まってから 20 年以上経過し既往の問題を分析すると、4 択問題は類似の問題が数多く出題されております。そこで、出題傾向の高い問題を厳選問題として 24 問、一般問題 16 問、計算問題 8 問を作成しました。

　レジュメと厳選問題を繰返し行うことで、短期間に効率よく学習ができます。計算問題の後に解答のポイントをまとめました。計算問題も繰返しの反復学習が重要です。

一般問題（問1-16）

　鉄筋コンクリート梁の載荷試験状況を図-1に示す。支点間がLでせん断スパン、等モーメント区間がそれぞれL/3とした。図-2に作用荷重（P）、支点間中央部のたわみ（δ）、ひび割れ発生荷重（P_c）、鉄筋降伏荷重（P_y）、終局荷重（P_u）の関係を示す。主鉄筋とスターラップが配置され、引張鉄筋比は釣合い鉄筋比以下の配筋となっている。（1）～（4）の記述で不適当なものはどれか。

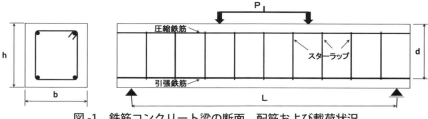

図-1　鉄筋コンクリート梁の断面、配筋および載荷状況

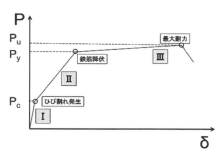

図-2　荷重（P）と梁中央部の変位（δ）の関係

（1）P_c を大きくするには、コンクリートの圧縮強度が大きくすることが有効である。

（2）領域Ⅱは曲げひび割れが成長し、変形が増大する領域である。

（3）P_y を大きくするには、釣合い鉄筋以下で、引張鉄筋を増やすことが有効である。

（4）領域Ⅲは引張鉄筋比が降伏して変形が増大する領域で、スターラップの配筋の影響を受けない。

【解説】(1)荷重が作用し、引張縁の応力が曲げ引張強度に達すると、ひび割れが発生する。この曲げ引張強度はコンクリート圧縮強度に依存するため、適当。(2)領域 II は、曲げひび割れが成長し剛性が低下する領域である。曲げひび割れの数が増し、高さ方向に中立軸付近まで伸びる。せん断スパンにおいては斜めひび割れ(せん断ひび割れ)が発生することから、適当。(3)鉄筋が降伏する曲げモーメント M_y は下記の式で与えられる。使用する鉄筋の降伏強度と断面形状が同一であれば、適当。

$M_y = A_s$(鉄筋量)・f_y(鉄筋の降伏強度)・jd(応力間中心距離)

(4)スターラップの量が小さいと、急激なせん断破壊が生じる。また、スターラップは、圧縮側鉄筋を内側に配置し、鉄筋の座屈を拘束する。そのため、変形が増大する領域で、有効な拘束効果を発揮するために、不適当な記述である。 **【正解】**(4)

RC梁の要点整理

RC梁は、図-1に示すように、引張鉄筋と圧縮鉄筋の主鉄筋とスターラップが配置されている。主鉄筋が引張力や圧縮力を、またスターラップがせん断力を負担し、断面力に抵抗するように設計される。

このRC梁は荷重が作用すると、図-2に示す P ～δ関係となる。 I はひび割れが発生するまでの大きな剛性を有し、変形が小さい。II は曲げひび割れ発生後の剛性が低下する領域である。下図の通り、曲げモーメントが一定となる等モーメント区間には鉛直方向の曲げひび割れが卓越する。せん断スパンには斜めひび割れが発生する。**III は主鉄筋降伏後の領域である。RC部材は、鉄筋降伏後も大変形をすることで、優れた耐震性を有する構造部材となる。** この条件を満足するために、**釣合い鉄筋比とスターラップを理解する**ことが重要となる。

RC部材は、圧縮側のコンクリートが圧壊する前に、引張鉄筋が降伏応力に達する**釣合い鉄筋比以下**に設計される。釣合い鉄筋比以上に引張鉄筋比が配置されると、Py前に最大耐力に達し破壊するため、**II の領域で脆性的な破壊が生じる**。また、**スターラップ**はせん断破壊が生じることのないように、適切な量が配置される。スターラップの量が小さいと、せん断スパンで斜めひび割れが成長して、急激なせん断破壊が生じる。

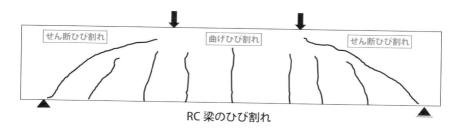

RC 梁のひび割れ

コンクリートの中性化の進行に関する記述のうち、適当なものはどれか。

(1) 空気中の CO_2 濃度が2倍になれば、中性化速度も2倍になる。
(2) 相対速度係数は、湿度が20〜30%で最も大きくなる。
(3) 使用セメントのNaやKなどのアルカリ含有量が多い方が、中性化は進行しやすい。
(4) NaClなどを含んだ海砂を用いたコンクリートは、中性化の進行が遅くなる。

【解説】 (1) 中性化速度は $a\sqrt{t}$ に示されるように、係数αと経過材齢tの平方根で表される。炭酸ガス濃度も中性化速度の平方根で表されるため、空気中の炭酸ガス濃度が2倍になれば、中性化速度は $\sqrt{2}$ 倍になるため、不適当。(2) 二酸化炭素の侵入と炭酸化反応が同時進行する相対湿度50〜60%で速度が最大となるため、不適当。(3) セメント中のアルカリ量が多いほど中性化速度は速くなるため、適当。(4) 塩化物を含むコンクリートは炭酸化が早い。フリーデル氏塩(塩化物イオンを固定し、不溶性の塩)は炭酸化によって分解し、固定化していた塩化物イオンを解離する(中性化フロント現象)ため、塩害と中性化の複合劣化が生じる。　　　　　　　　　　　**【正解】**(3)

中性化の要点整理

　健全なコンクリートはpHが12.5程度以上と高アルカリ性を示すが、二酸化炭素の侵入によりコンクリートが中性化を生じ、pHが10程度に低下する。鉄筋はpH12以上では安定しているが、pH11程度以下になると腐食が生じる。この中性化の択一問題は下記を理解すること、特に、②、④、⑤、⑥、⑦に関連したものが出題されることが多い。
①中性化は大きなW/Cのコンクリート、施工欠陥部で速く進行し、鉄筋腐食を増大させる。
②二酸化炭素の侵入と炭酸化反応が進行する相対湿度50〜60%で速度が最大となる。
　屋外は日射を受け乾燥しやすい南向きや西向きが速くなる。
③室内は二酸化炭素濃度が高く、相対湿度が60%程度のため、中性化速度は速くなる。
④混合セメントを使用すると中性化速度は速くなる。
⑤中性化深さは $\sqrt{t}$ 則で表される。
⑥セメント中のアルカリ量が多いほど中性化速度は速くなる。
⑦塩化物を含むコンクリートは炭酸化が早い。フリーデル氏塩(塩化物イオンを固定し、不溶性の塩)は炭酸化によって分解し、固定化していた塩化物イオンを解離する(中性化フロント現象)ため、塩害と中性化の複合劣化が生じる。
⑧鉄筋腐食は中性化位置より内部(pH11程)で開始し、鉄筋腐食開始と中性化の関係は中性化残り(鉄筋のかぶり厚さと中性化深さの差)による。塩化物を含むコンクリートは約20mm、一般の環境は8mm。

問3　中性化深さの測定に関する4択問題

　コンクリート構造物から採取したコア供試体を用いて中性化深さを測定した。JIS A 1152：2011（コンクリートの中性化深さの測定方法）に照らして、(1)〜(4)の記述のうち、適当なものはどれか。

(1)　コアの側面を水洗いし、表面が濡れた状態でフェノールフタレイン溶液を噴霧し、測定を行った。

(2)　測定面が乾燥していたため、フェノールフタレイン溶液を調整する際に加えるエタノールの量を多くした。

(3)　コンクリート表面から赤紫色に呈色した部分までの距離を 1.0 mmの単位で測定した。

(4)　測定箇所に粗骨材の粒子があったため、粒子の両端の中性化位置を結んだ直線上で測定した。

【解説】本試験は、フェノールフタレイン1%エタノール溶液はpH10以上で赤紫色に呈色する原理に基づいて測定を行う。(1)コアを採取し削孔面、コア側面、割裂面を等間隔で5箇所以上を測定する。なお、のろが付着した場合は、のろを水洗いしてきれいに落とす。ただし、濡れた状態で測定をするのではなく、測定は乾燥状態で行うため、不適当。(2)測定面が乾燥している場合は、エタノールの量でなく、水の量を多くすることが適切で、不適当。(3)測定は鮮明な赤紫色に呈色した部分までの深さで、距離の単位は0.5 mmで、不適当。(4)粗骨材粒子がある場合は、図に示すように、粒子の両端の中性化位置を結んだ直線上での距離を測定することから、適当。【正解】(4)

※参照「中性化深さ測定位置」(29頁)

中性化深さの要点整理

原理：フェノールフタレイン1%エタノール溶液はpH10以上で赤紫色に呈色する。

① はつり法：はつり面に直接フェノールフタレイン溶液を噴霧し、4〜8箇所を等間隔で測定する。なお、コンクリート粉を除去する。測定時水洗いをしない。水洗いをするとコンクリート粉によりアルカリ性となる。

② コア採取：コアを採取し削孔面、コア側面、割裂面を等間隔で5箇所以上を測定する。なお、のろが付着した場合は、のろを水洗いしてきれいに落とす。

③ ドリル法：フェノールフタレイン1%溶液を噴霧したろ紙にドリルの削孔粉を落下させ変色位置を測定する。構造物を破壊せずデータを多量かつ簡易に入手することができる。

　西日本の内陸部で竣工後40年供用された鉄筋コンクリート梁で実施した塩化物イオン濃度の調査結果を下図に示す。下記の（1）～（4）の事項で最も不適当なものはどれか。なお、コンクリートは普通ポルトランドセメントを使用し、設計基準強度24N/mm²で、調査時のコア強度が32N/mm²であった。

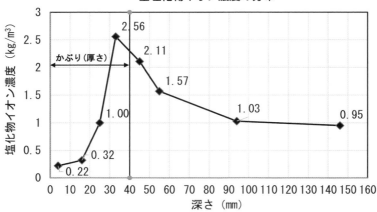

全塩化物イオン濃度の分布

（1）塩化物を内在した海砂が使用されていた。

（2）外部から塩化物が供給されていない。

（3）中性化深さはかぶりよりも小さい。

（4）鉄筋の腐食は生じていない。

【解説】(1)、(2) コンクリート内部で塩化物イオン濃度が1.03,0.95kg/m³と、海砂使用は想定される。また、表面部の塩化物イオン濃度が小さく、供用環境が西日本内陸部から塩化物の供給がないとしてよい。(3) 健全なコンクリートに塩化物が侵入した場合、セメント量の約0.4%がフリーデル氏塩として固定される。これが炭酸化を起こすと、フリーデル氏塩が分解され、非中性化領域で塩分濃度が大きくなる。これを中性化フロント現象といい、塩害を進行させる。これらの概要を下図に示す。これらから、中性化領域はかぶりより小さく、適当。(4) 鉄筋位置で塩化物イオン濃度が2kg/m³以上と大きく、鉄筋の腐食は生じていると考えて良い。　　　　【正解】(4)

図　中性化による塩化物イオンの濃縮現象

重要なキーワード

「フリーデル氏塩」、「中性化フロント現象」は重要なキーワードで、しっかり理解すること。フリーデル氏塩はセメント量の約0.4%で、単位セメント量が300kg/m³の場合、300×0.4/100=1.2kg/m³となる。これは健全なコンクリートは、1.2kg/m³の塩分がフリーデル氏塩として固定化され、鉄筋腐食を生じないことを意味する。これが炭酸化により分解すると、濃度勾配により内部へ塩化物イオンが移動する。これにより内部の塩化物イオンが増大することを、中性化フロント現象と称する。

また、塩害の関する記述式問題でもこの現象に関連する問題が出題されている。記述式問題は、専門用語を的確に活用して文章を作成することが重要!!

アルカリシリカ反応に関する記述中の(A)〜(D)に当てはまる語句のうち、適当なものはどれか。

わが国における火成岩のうち、反応性を示す可能性が高い岩種は (A) である。この理由は、マグマの冷却速度が(B)、結晶が(C)し、反応性の高い鉱物が生成されやすいことによる。また、化学組成により、酸性岩、中性岩、塩基性岩に分類され、酸性岩のほうが反応性は(D)とされる。

	(A)	(B)	(C)	(D)
(1)	火山岩	早く	細粒化	高い
(2)	火山岩	早く	粗粒化	低い
(3)	深成岩	緩やか	細粒化	高い
(4)	深成岩	緩やか	粗粒化	低い

【解説】火成岩はマグマが冷えて固まった岩石である。大きく分けて火山岩（マグマが急激に冷えて固まったもの）、深成岩（マグマがゆっくり冷えて固まったもの）、半深成岩（火山岩と深成岩の中間の速度で固まったもの）の3つに分類される。火成岩は、火山岩、半深成岩、深成岩の順に結晶が粗粒化し、反応性は低くなる。また、SiO_2の含有量によって、塩基性岩、中性岩、酸性岩に分類される。酸性岩は設問の表の通りシリカ(SiO_2)量が多くアルカリシリカ反応性は高くなる。　　　　　【正解】(1)

ASR重要事項

反応性が比較的早い：無定型またはガラス質（オパール、火山ガラス）、クリストバライト、トリジマイトなどのシリカ鉱物。

反応が遅い：チャート（微細な結晶粒や歪んだ結晶格子を持つ石英を含む）

MEMO

| 問6 | アルカリシリカ反応に関する4択問題 |

アルカリシリカ反応に関する次の記述のうち、適当なものはどれか。

(1) 凍結防止剤の塩化ナトリウムは、コンクリートの初期強度を高くする効果があるため、アルカリシリカ反応を抑制する効果がある。
(2) 軸方向鉄筋量の多い部材は、亀甲状のひび割れが発生しやすい。
(3) 反応性のある骨材を反応性にない骨材と1：2で混合使用すると、反応性のある骨材を単独で用いた場合の1/2以下の膨張率となる。
(4) 反応性骨材は火山岩だけでなく、堆積岩にも存在する。

【解説】(1)ASRの発生の3要素は①反応性骨材、②細孔中に十分な水酸化アルカリ溶液、③コンクリートが多湿または湿潤状態で、塩化ナトリウムにより②の水酸化アルカリ濃度が高くなり、不適当。(2)軸方向鉄筋量が多いと部材軸方向にひび割れが生じる。(3)ASRは反応性骨材単体で用いた場合よりも反応性骨材と非反応性骨材を混合した方が大きな膨張量になることがある。最大膨張量となる時の反応性骨材の割合をペシマム量（Pessimum Condition=最悪条件）という。(4)変成岩（粘板岩、片麻岩、片岩）や堆積岩（チャート、砂岩、頁岩など）でもASRが生じている。　　**【正解】**(4)

重要なキーワード

ペシマム量：反応性骨材と非反応性骨材の混入によりに膨張量が大きくなることがあり、膨張量が最も大きくなる場合の骨材に含まれる反応性骨材の割合をペシマム量と称す。
ASR反応の抑制：亜硝酸リチウム

ASRによるひび割れ

亀甲状のひび割れ：鉄筋量が小さく無筋コンクリートに近い配筋。
軸方向のひび割れ：軸方向の主鉄筋が多いRC部材。軸方向にプレストレスが導入されたPC部材。

MEMO

コンクリートの凍害に関する記述のうち、適当なものはどれか。

(1) 空気量が同一の場合、気泡間隔係数が大きいほど耐凍害性は向上する。
(2) ポップアウト現象は、骨材の吸水率が大きいほど劣化が生じにくくなる。
(3) 小さな径の空隙中の水の方が、大きな径の空隙中より、凍結しやすく劣化が生じ
　　やすい。
(4) 凍結防止剤の散布により、スケーリングが起こりやすくなる。

【解説】(1) 気泡間隔係数が200 〜 250μm以下で耐凍害性を有する。同一空気量で気泡間隔係数が大きくなることは、空気泡の径が大きくなることを意味し不適当。(2) ポップアウトは、吸水量が大きい骨材でコンクリート表面がはく離する現象で、吸水率の大きい骨材は不適当。(3) 水の凍結温度は細孔径に依存し、径が小さいほど低くなるため、記述は不適当。(4) スケーリングは、コンクリート表面が薄くはく離が生じる現象で、塩分はスケーリングを進行させるため、適当。　　　　　　　　　　【正解】(4)

重要なキーワード

気泡間隔係数：コンクリート中に気泡の間隔がどの程度分布しているかを意味し、コンクリート中の空気量が同じなら、粒径が小さいほど空気泡の数は多くなる。気泡間隔係数が200 〜 250μm以下になると、一般的に耐凍害性を有する。測定方法は、ASTM C 457に規定されたリニアトラバース法または修正ポイントカウント法が最も一般的に用いられている。

粗骨材の吸水率：骨材の吸水率が大きくなると、一般的に密度が小さく、緻密化が低下する。例えば、吸水率が5%と大きいと、凍結融解による劣化が生じやすくなる。一般的に良質な粗骨材の吸水率は2%程度以下。

MEMO

問8　　火害に関する4択問題

　火災を受けたコンクリートに関する記述の（A）〜（D）に当てはまる語句の組合せとして、適当なものはどれか。

　500℃程度までの温度上昇時は、セメントペーストおよび骨材はそれぞれ（A）し、（B）する。冷却後のコンクリートは、受熱温度が（C）℃を超えると耐荷性能が大幅に低下する。また、鉄筋は（D）℃以下であれば、冷却後に降伏強度や引張強度が回復する。

	（A）	（B）	（C）	（D）
（1）	収縮	膨張	300	700
（2）	収縮	膨張	500	500
（3）	膨張	収縮	500	500
（4）	膨張	収縮	300	700

【解説】セメントペーストは水分が逸散するために、収縮する。骨材は熱膨張係数があり、膨張する。コンクリートは加熱時に、水酸化カルシウム（$Ca(OH)_2$）が500〜580℃の加熱で$Ca(OH)_2 \rightarrow CaO + H_2O$ に熱分解。pHの低下が起こる。ケイ酸カルシウム水和物（C-S-H）：600〜700℃で熱分解する。このようなことから、500℃を超えると、物性値が低下する。鉄筋は、500℃が鉄筋の安全限界温度と考えられている。　【正解】(2)

火害重要事項

コンクリート：水酸化カルシウム（$Ca(OH)_2$）は500〜580℃の加熱で$Ca(OH)_2$ $\rightarrow CaO + H_2O$と熱分解によりアルカリ性が低下するため、pHが小さくなる。ケイ酸カルシウム水和物（C-S-H）は600〜700℃で熱分解するため、強度等の物性値が低下する。強度の低下は300℃まではほとんどない。500℃を超えると50％以下となるが、時間とともに回復し、1年で85％以上となる。**ヤング係数は、500℃で1年経過後でも50％以下と回復度が圧縮強度と異なる。**

鉄筋：引張強度は300℃を超えると大きく低下し、500℃で約1/2となる。降伏点は加熱温度が高くなるに従い低下する。500℃以上の加熱を受けると強度および降伏点は回復しないため、**500℃が鉄筋の安全限界温度と考えられている。**

コンクリート構造物の火害評価に関する次の記述のうち、適当なものはどれか。

(1) コンクリートの表面が灰白色～淡黄色に変色しており、受熱温度は 500℃程度と判断した。
(2) 火災による中性化の進行が確認されないことから、受熱温度は 500℃以下と判断した。
(3) コンクリート表面全体にすすの付着が生じており、コンクリートの圧縮強度が低下したと判断した。
(4) 中性化は鉄筋位置まで達していたが、鉄筋の強度は低下していないと判断した。

【解説】(1) 表面は灰白色（600～950℃）から淡黄色（950～1200℃）の受熱温度となり、不適当。(2) 水酸化カルシウム $Ca(OH)_2$ の熱分解温度は 500～580℃で適当。(3) すす等の付着は 300℃程度以下から、圧縮強度は回復することから、不適当。(4) $Ca(OH)_2$ が熱分解することで中性化が生じることから、鉄筋の安全限界温度を超えており、不適当。　　　　　　　　　　　　　　　　　　　　　　　　　　　【正解】(2)

火害重要事項

コンクリートは表面の変色状況から受熱温度を以下のように推定できる。

　　～ 300℃　　　：すすの付着
　　300 ～ 600℃：桃色
　　600 ～ 950℃：灰白色
　　950 ～ 1200℃：淡黄色
　　1200℃～　　　：溶融

　鉄筋は受熱温度が 100℃以下でも、加熱されると降伏強度が小さくなる。ただし、500℃までは冷却後に回復するが、**500℃以上では回復時の降伏強度は受熱温度とともに小さくなる。**

MEMO

問10　コア強度に関する4択問題

　コンクリート構造物からコアを採取して圧縮強度試験を行った。この時実施した試験方法に関する次の記述のうち、JIS A 1107：2012（コンクリートからのコアの採取方法圧縮強度試験方法）に照らして、適当なものはどれか。

(1) コア供試体の直径を、供試体高さの中央付近で互いに直交する2方向について測定し、その平均値を供試体の平均直径とした。
(2) 載荷面の平面度がコア供試体の高さの0.5％であったので、そのまま載荷試験を行った。
(3) コア供試体の高さ / 直径の比が1.95であったので、補正係数による補正を行わなかった。
(4) 粗骨材の最大寸法が25 mmであったが、鉄筋を切断する可能性があったので、採取するコアの直径を70 mmとした。

【解説】(1) 供試体高さの中央付近のみでなく、上下端面および高さの中央で直交する2方向を±1％の精度で測定することから、不適当。(2) 載荷面の供試体の平面度は直径の0.05％以内でなければならないことから、不適当。(3) コアの直径と高さの比h/dが1.90を下回る際にはJISによる規定に従って補正を行うことから、1.95は適当。なお、h/dについては1を下回ったものは試験をすることができないとも記述されている。(4) コア供試体の直径は一般に粗骨材の最大寸法の3倍以下にしてはならないと記述されており、不適当。　　　　　　　　　　　　　　　　　　　　【正解】(3)

コア強度重要事項

採取時の留意点

①構造物全体に均等かつ構造物の状況を判断できるような位置を選定、欠陥部やその近傍および鉄筋を避ける。
②コア供試体の直径は一般に粗骨材の最大寸法の3倍以下にしてはならない。
③コアドリル採取時のトルクが14.7N・m（75 mm/min程度）を超えると強度が低下する。

試験時の留意点

①試験はコア採取後1日～2日以内に行う。試験までの供試体の保存方法は構造物の乾湿状態に合わせて決定する。
②コアの直径と高さの比h/dが1.90を下回る際にはJISによる規定に従って補正を行う。h/dが1を下回ったものは試験をすることができない。
③載荷面の供試体の平面度は直径の0.05％以内でなければならない。

JIS A 1155：2012（コンクリートの反発度の測定方法）の反発度を測定した。当初に実施した9個の測定値は下表の通りであった。さらに行った測定の測定値は26、33および43であった。有効な測定値から得られる反発度（R）の計算結果として、（1）～（4）のうち、最も適当なものはどれか。

当初の測定結果

30	33	31
34	38	32
42	35	40

（1）33 （2）34 （3）35 （4）36

【解説】「反発度R＝有効な9個の測定値の合計/9」から、まず当初実施した9個の測定値からRを算定すると、R＝（30+33+31+34+38+32+42+35+40）/9＝35となる。次に、その偏差が平均値の20％以上となる値があれば、それを棄却し代わりの値を補う。35±7以上は棄却となり、42を棄却する。さらに行った測定値から範囲内に入る測定値33を加えて、R＝（30+33+31+34+38+32+35+40+33）/9＝34となる。　　　【正解】（2）

反発硬度法の重要事項

概要：適用範囲はコンクリート強度10～60N/mm²。コアによる圧縮強度試験を併用し、推定強度の精度向上が望ましい。

適用箇所：厚さが100mm以上を持つ床版や壁部材、または1辺の長さが150mm以上の断面をもつ柱や梁部材のコンクリート表面とする。また、部材の縁部から50mm以上離れた箇所とする。

留意点：リバウンドハンマー使用時の確認：テストアンビルによる検定を500回に1回実施。製造時の反発度から、3％以上異なっているものは用いてはならない。

測定方法：1箇所の測定は互いに25～50mmの間隔を持った9点について測定する。測定器は測定面に対して垂直に配置して打撃する。測定値については、反響やくぼみなどから判断して明らかに異常と認められる値、又はその偏差が平均値の20％以上となる値があれば、それを棄却し代わりの値を補う。

補正

①測定面の角度によって補正を行う。測定は面に対して水平を基準。下向きはプラスの補正。

②測定面の含水率によって反発度が変化するので補正を行う（湿っている場合は反発度が小さくなる）。

| 問12 | 自然電位に関する4択問題 |

自然電位によるコンクリート中の鉄筋の腐食調査に関する次の記述のうち、適当なものはどれか。

(1) 入力抵抗が小さい電位差計を用いた。
(2) 電位差計のプラス（＋）端子に内部鉄筋、マイナス（−）端子に照合電極を接続した。
(3) コンクリートが十分に乾燥した状態で測定した。
(4) 塗装の有無にかかわらず、測定値は同じ値を示す。

【解説】自然電位法は、鉄筋が腐食により電位が卑側（−）に変化する。この電位を鉄筋表面から鉄筋腐食開始を診断するもので、腐食量を測定するものではない。
(1) 計測時に流れる電流が大きいと鉄筋の腐食を促進させる可能性があるため、電位差計は電流をできるだけ流さずに電位差を測るのが望ましい。そのため、入力抵抗が100MΩ以上と大きく、分解能が1mV以下の直流電圧計を用いる。(2) 鉄筋を＋、コンクリートを−として電位差を測定するため、適当。(3) 乾燥したコンクリートは絶縁体となるため、コンクリートが十分湿った状態で測定を行うことから、不適当。(4) 表面に絶縁材料となる塗装が施されている場合は適用できないことから、不適当。

【正解】(2)

鉄筋腐食調査の重要事項
自然電位
概要：鉄筋の腐食の可能性を判断。鉄筋を＋、コンクリートを−として電位差を測定。
調査方法：照合電極の先端は含水させたスポンジ等を巻きつけコンクリート表面に保持。電位差計の分解能は1mV以下の直流電圧計。照合電極は銅硫酸銅電極、銀塩化銀電極、鉛電極、カロメル電極等。

分極抵抗
概要：内部鉄筋に微弱な電流、または電位差を負荷し、腐食速度を求める。腐食の可能性および腐食量の推定。分極抵抗を求める方法は直流法と交流法に大別されるが、一般に交流法が主流。
対象：腐食ひび割れが発生する前の評価に有効。
調査：コンクリートの含水率が大きくなると、電気抵抗が小さくなる。コンクリート面を湿布で覆い、湿らせた状態で計測を行うのがよい。

硬化コンクリートの調査を行った。調査項目と分析機器との（1）〜（4）の組合せのうち、不適当なものはどれか。

	調査項目	分析機器
（1）	空隙量	水銀圧入式ポロシメーター
（2）	水和生成物の種類	蛍光X線分析装置
（3）	針状結晶の生成	走査型電子顕微鏡（SEM）
（4）	水酸化カルシウム量	示差熱重量分析（TG-DTA）

【解説】52〜55頁参照。（1）水銀圧入式ポロシメーターは、水銀に圧力をかけコンクリート内の加圧力と水銀容積との関係から細孔分布を求めるもので、累積量が空隙量となり適当。（2）蛍光X線分析は、物質の結晶構造を把握し、含有成分の同定を行い岩石中の成分分析に使用されるもので、水和生成物C-S-H等の化合物の種類を測定するものでなく、不適当。（3）走査型電子顕微鏡（SEM）は、顕微鏡の一種でセメント硬化体組織、アルカリシリカゲル、エトリンガイト（針状結晶）の生成状態を調査するもので適当。（4）示差熱重量分析（TG-DTA）は、試料の温度を変化させながら、重量変化を測定し、物質量を測定するもので、適当。　　　　　　　　　　　【正解】（2）

調査・分析の重要事項

水銀圧入式ポロシメーター：細孔径分布（水和組織の緻密さ、高強度コンクリートは空隙量が小さい）

蛍光X線分析装置：生成物の同定（生成物を構成する元素や鉱物を同定）

走査型電子顕微鏡（SEM）：生成状態を調査（500万倍まで可能でエトリンガイト等の生成状態）

電子線マイクロアナライザー（EPMA）：コンクリート断面内における炭酸化、塩化物の侵入状況把握

リニアトラバース法：気泡間隔係数（凍害抵抗性の目安、200μm）

示差熱重量分析（TG-DTA）：水酸化カルシウム量等の定量評価（火害により$Ca(OH)_2$が分解される）

問14 **床版疲労に関する4択問題**

　道路橋床版は、下図の状態Ⅰ〜Ⅳに分類される。また、各状態でのひび割れが発生したときの判断に関する記述のうち、不適当なものはどれか。

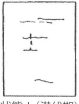

状態Ⅰ（潜伏期）
一方向ひび割れ

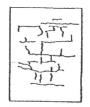

状態Ⅱ（進展期）
二方向ひび割れ

状態Ⅲ（加速期）
ひび割れの網細化と角落ち

状態Ⅳ（劣化期）
床版の陥没

(1) 状態Ⅰは一方向のひび割れで、床版の耐力に影響しないと判断した。

(2) 状態Ⅱは二方向ひび割れで、設計時に想定している二方向版としての機能（床版の連続性）が失われていると判断した。

(3) 状態Ⅲはひび割れの網細化と角落ちが生じており、押抜きせん断力が低下していると判断した。

(4) 状態Ⅳは床版の陥没が生じており、耐荷力が大幅に低下していると判断した。

【解説】(1) 橋軸直角方向のひび割れで施工後の初期段階に発生するものと、曲げひび割れが主鉄筋に沿って発生する。この種のひび割れは床版の耐荷力の低下に影響を与えないことから、適当。床版は橋軸方向が配力筋で、橋軸直角方向が主鉄筋として設計される。(2) 曲げひび割れが成長して、二方向のひび割れに進展する。ひび割れの密度が大きくなっても、鉄筋コンクリート床版の連続性は失われず、耐荷力は特に問題とならないことから、不適当。(3) ひび割れの網細化が進み、ひび割れ幅の開閉やひび割れ面のこすり合わせが認められ、せん断耐力が低下する。このような状態になると、押抜きせん断耐力が低下する。これが進行すると、床版に陥没が生じることから、適当。(4) 床版に陥没が生じると、耐荷力が大幅に低下することから、適当。このような状態になると、供用が困難となり、また補修費用が増大することになる。　　　　【正解】(2)

床版設計の基本

　床版は橋軸方向に配置される鉄筋を配力筋、橋軸直角方向を主鉄筋として設計される。

コンクリート構造物の断面修復に使用されるポリマーセメントモルタルに関する次の記述のうち、不適当なものはどれか。

(1) ポリマーセメントモルタルは、一般のコンクリートより圧縮強度が大きい。
(2) ポリマーセメントモルタルは、一般のコンクリートよりヤング係数が小さい。
(3) ポリマーセメントモルタルは、一般のコンクリートより引張強度が大きい。
(4) ポリマーセメントモルタルは、一般の熱線膨張係数が大きい。

【解説】 ポリマーセメントの基本的性質は表に示すように、セメント系のコンクリートに比べて、ヤング係数が小さくなるが、引張強度が大きく、既設コンクリートとの接着力が増し断面修復材として良好な品質を有する。ただし、高強度化する材料ではない。また、熱線膨張係数が大きくなることに注意が必要である。　　　　　　**【正解】**(1)

表　ポリマーセメントの基本的な性質

	セメント系	ポリマーセメント 小 ← P/C → 大	高分子系
弾性係数	高 ←		→ 低
曲げ強度	低 →		→ 高
引張強度	低 →		→ 高
接着性	可 →		→ 良
湿潤面接着性	可 →	良	
熱膨張係数	小 →		→ 大
吸水率	大 ←		→ 小

ポリマーセメントの重要事項

ポリマーセメントに関しての出題は下記の項目も理解することが重要!!

① 一般のコンクリートに比べて透水性や中性化を低減させるため、透水係数や中性化速度係数を小さくする。

② エポキシ樹脂は高分子系で、ポリマーセメントはエポキシ樹脂モルタルに比べて、電気を伝えやすい、紫外線劣化をしにくい、熱膨張係数が小さい、酸による侵食が弱い等。

| 問16 | 補修・補強材料（繊維）に関する4択問題 |

　コンクリート構造物の補修に使用される繊維に関する次の記述のうち、不適当なものはどれか。

(1) 引張強度は、炭素繊維の方がビニロン繊維より大きい。
(2) アラミド繊維は、炭素繊維よりヤング係数が大きい。
(3) セメントペーストとの付着力は、ビニロン繊維が炭素繊維より優れている。
(4) 耐アルカリ性は、アラミド繊維がガラス繊維より優れている。

【解説】表「各種繊維の物性」を参照。(1)炭素繊維は引張強度が大きく、またヤング係数も大きく鋼材に比較的近い性質を有するため、繊維シート巻立て補強に使用されている。(2)ヤング係数は、炭素繊維235N/mm^2、アラミド繊維130N/mm^{2}でアラミド繊維が小さい。(3)ビニロン繊維は親水性で高い吸湿性を有し、炭素繊維よりセメントペーストとの付着が良い。(4)ガラスは高アルカリで溶出するなど、アルカリに弱い。

【正解】(2)

表　各種繊維の物性

項目 ＼ 種類	有機系繊維		無機系繊維		PC 鋼線（参考）
	アラミド	ビニロン	炭素	E ガラス	
密度 （g/cm^2）	1.45	1.3	1.8	2.6	7.85
引張強度（N/mm^2）	2800	700 〜 1500	2600 〜 4500	3500 〜 3600	1950
弾性係数（kN/mm^2）	130	11 〜 37	235	75	201
破断時伸び （%）	2.3	7.0	1.3 〜 1.8	4.8	6.4
熱膨張係数（× 10^{-6}/℃）	-2 〜 -5	—	0.6	8 〜 10	12

繊維の重要事項

　鋼材は比重が7.95g/cm^{3}と繊維に比べて大きく、ハンドリングに問題がある。ただし、一般の鋼材は伸びが20%程度以上と繊維に比べて大きいため、破壊時の変形が大きくなる。繊維は破断時の伸びが小さいため、破壊が急激に生じることを理解することも重要!!

計算問題（問17-24）

問17	超音波法によるひび割れ深さの推定

　下図に示すように、コンクリートのひび割れ深さを超音波法により推定する。コンクリート中の超音波伝播速度Vは4000m/secで、発振子および受振子からひび割れまでの距離aが150mm、超音波の伝播時間tは125μsecであった。ひび割れ深さdの推定値を求めよ。

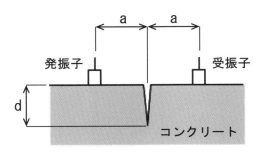

【ひび割れ深さの測定原理】

①図-1に示すように、ひび割れを挟んで同じ距離（a）の位置に超音波の発振子と受診子を取り付ける。そして、発振子から発振した超音波が受診子に到達するまでの伝播時間tを測定する。

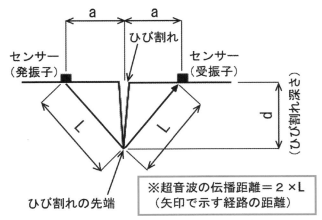

※超音波の伝播距離＝2×L
（矢印で示す経路の距離）

図-1　超音波法によるひび割れ深さの測定原理

②発振子から発振された超音波は、点線の矢印で示すように、ひび割れの先端を経由して受診子に到達する。

③発振子からひび割れ先端までの距離をLとすると、ひび割れ先端から受診子までの距離もLになる。したがって、超音波の伝播距離はL＋L＝2Lとなる。

④超音波の伝播速度V_p（mm/sec）、伝播時間t（sec）および伝播距離2L（mm）の間には式（1）の関係が成り立つ。

$$2L = V_p \times t \quad \cdots 式（1）$$

⑤ひび割れの深さdとaとLの間には式（2）の関係が成り立つ。

$$L^2 = a^2 + d^2 \quad \cdots 式（2）$$

⑥式（1）より得られたLの値とaの値を式（2）に適用してdの値を計算する。

※計算を始める前に、速度、時間、距離の単位をmmとsecで統一しておくと計算間違いを防止することができる。μ（マイクロ）は1/1000000（＝1.0×10^{-6}）を表す。

【計算方法】

（1）速度と時間の単位系を合わせる。

$$V = 4000 m/sec = 4.0 \times 10^6 \, mm/sec$$
$$t = 125 \mu sec = 125 \times 10^{-6} sec$$

（2）式（1） ： 伝播距離＝伝播速度×伝播時間より、Lを計算する。

$$2 \times L = V_p \times t$$
$$= 4.0 \times 10^6 \times 125 \times 10^{-6} = 500$$
$$L = 250 \, mm$$

（3）（2）の計算結果を式（2）に適用してdを計算する

$$d = \sqrt{(L^2 - a^2)} = \sqrt{(250 \times 250 - 150 \times 150)} = \sqrt{40000} = 200 \, mm$$

【解答】200mm

図-1に示すように、コンクリート表面から空隙までの深さを衝撃弾性波法により推定する。センサで測定された波形を周波数分析した結果、図-2に示す周波数スペクトルが得られた。コンクリート表面から空隙までの深さの推定値を求めよ。ただし、コンクリート中の弾性波の伝搬速度は4500m/secとする。

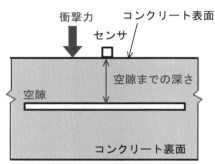

図-1 内部欠陥位置の推定方法

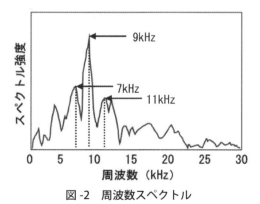

図-2 周波数スペクトル

【空隙までの深さの測定原理】

①図-3に示すように、受信用センサをコンクリート表面に取り付けた状態でコンクリート表面に衝撃力を作用させる。

②衝撃力により発生した衝撃弾性波は、図-3の矢印で示すように、空隙部で反射されてセンサに届く。

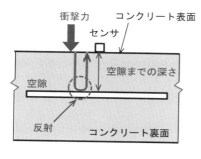
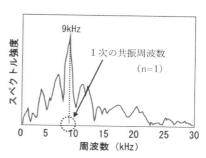

図-3　超音波法によるひび割れ深さの測定原理

③センサで得られた波形を変換して周波数スペクトル図を得る。

④空隙までの深さL（mm）は、弾性波速度V_p（mm/sec）、n次の共振周波数をfとすると、式（1）により計算できる。周波数スペクトル図で一番山が高くなっている部分の周波数が1次（n=1）の共振周波数である。

$$L = \frac{nV_p}{2f} \quad \cdots 式(1)$$

【計算方法】

（1）周波数スペクトル図より、一次の共振周波数はスペクトル強度が最大となる9kHzとなる。

（2）数値の単位系を合わせる。

$$4500 \text{m/sec} = 4.5 \times 10^6 \text{mm/sec}、9 \text{kHz} = 9000 \text{Hz} = 9.0 \times 10^3 \text{Hz}$$

（3）式（1）により、空隙までの深さLを計算する。

$$L = n \times V_p / (2 \times f) = 1 \times 4.5 \times 10^6 / (2 \times 9.0 \times 10^3) = 250 \text{mm}$$

【解答】250mm

25年が経過した鉄筋コンクリート造建築物の打放しコンクリート外壁の屋外側において中性化深さが12mmであった。今後とも環境の変化がなく中性化の進行が$\sqrt{t}$則に従うとして、今後24年が経過した時点における屋内側のコンクリートの中性化深さを予測せよ。ただし、炭酸ガス濃度は屋外で0.036%、屋内で0.081%で一定とし、中性化速度係数は炭酸ガス濃度の平方根に比例するものとする。

【$\sqrt{t}$則による中性化深さの推定方法】

①図-3に示すように、受信用センサをコンクリート表面に取り付けた状態でコンクリート表面に衝撃力を作用させる。

②衝撃力により発生した衝撃弾性波は、図-3の矢印で示すように、空隙部で反射されてセンサに届く。

・コンクリートの中性化深さは、建設後の経過年数が長くなるにしたがい大きくなる。

・コンクリートの中性化深さは経過年数の平方根に比例する。この関係を$\sqrt{t}$則という。中性化深さCは、中性化速度係数αと経過年数tを用いて式(1)により計算する。

$$C = \alpha\sqrt{t} \quad \cdots 式(1)$$

・図-1のグラフに経過年数と中性化深さの関係を示す。ここで、中性化深さは、中性化速度係数α＝2.4mm/$\sqrt{年}$と3.6mm/$\sqrt{年}$に対する計算値を示した。

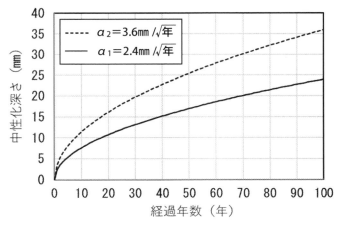

図-1　経過年数と中性化深さの関係

【解法の要点】

- コンクリート外壁の屋外側の経過年数25年における中性化深さは12mm。この関係に式(1)の$\sqrt{t}$則を適用して屋外側の中性化速度係数を計算する。
- 中性化速度係数は炭酸ガス濃度の平方根に比例する。屋外側と屋内側のそれぞれの炭酸ガス濃度と屋外側の中性化速度係数にもとづき、屋内側の中性化速度係数を計算する。
- 現時点からさらに24年経過した後における屋内側の中性化深さの予測値を$\sqrt{t}$則により計算する。

【計算方法】

(1) コンクリート外壁の屋外側の中性化速度係数をα_1とすると、経過年数25年における中性化深さC(mm)には式(2)の関係が成り立つ。

$$C = \alpha_1 \times \sqrt{t} \quad \Rightarrow 12 = \alpha_1 \times \sqrt{25}$$
$$従って\alpha_1 = 12/\sqrt{25} = 2.4\,mm/\sqrt{年}$$

(2) 屋内側の中性化速度係数をα_2とする。炭酸ガス濃度は、屋内側が0.081%、屋外側が0.036%のため、(屋内側の炭酸ガス濃度)/(屋外側の炭酸ガス濃度)=0.081/0.036=2.25。したがって、

$$\alpha_2/\alpha_1 = \sqrt{0.081/0.036} = \sqrt{2.25} = 1.5$$
$$\alpha_2 = 1.5 \times \alpha_1 = 1.5 \times 2.4\,mm/\sqrt{年} = 3.6\,mm/\sqrt{年}$$

(3) 現時点から24年が経過した後の屋内側の中性化深さは、

$$\alpha_2 \times \sqrt{25+24} = 3.6 \times \sqrt{49} = 3.6 \times 7 = 25.2\,mm\,となる。$$

【解答】25.2mm

　建設後36年が経過したコンクリート構造物の表面から4.5cmの深さにおける塩化物イオン量を、拡散方程式①の解を用いて計算せよ。

　ただし、見かけの拡散係数Dの値は0.25cm²/年、コンクリート表面の塩化物イオン量C_0は9.0kg/m³とする。また、誤差関数（erf）の値は右表の数値表を用いることとする。

$$C(x, t) = \left[C_0 \left(1 - erf\ \frac{x}{2\sqrt{Dt}} \right) \right] \quad \cdots 式①$$

$\dfrac{x}{2\sqrt{D \cdot t}}$	$erf(z)$
1.50	0.97
1.40	0.95
1.30	0.93
1.20	0.91
1.10	0.88
1.00	0.84
0.75	0.71
0.50	0.52
0.25	0.28
0.00	0.00

ここに、
$C(x,t)$：深さx, 経過年tにおける塩化物イオン量（kg/m³）
C_0：コンクリート表面における塩化物イオン濃度（kg/m³）
D：みかけの拡散係数（cm²/年）

【塩化物イオン濃度の分布】

・コンクリート内部の塩化物イオン濃度の分布を図-1に示す。

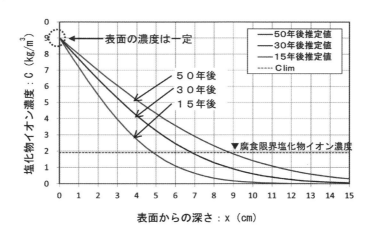

図-1　表面からの深さと塩化物イオン濃度の関係

・塩化物イオン濃度について
　　①コンクリート表面の濃度は年数が経過しても一定と考える。
　　②コンクリート中の深さxが大きいほど塩化物イオン濃度が低くなる。
　　③深さxが同じ場合は、経過年数tが長いほど塩化物イオン濃度は上昇。

・塩化物イオン濃度の計算式
　　　式(1)の拡散方程式を用いて計算する。

$$C(x, t) = \left[C_0 \left(1 - \text{erf} \boxed{\frac{x}{2\sqrt{Dt}}} \right) \right] \quad \cdots 式(1)$$

　　　実際の計算は□で括った部分（＝zと置き換える）のみでよい。
　　　erf(z)の値は、数値表で与えられるものを用いる。

【解法の要点】
・コンクリート中の塩化物イオン濃度を、与えられた数値を式(1)に適用して計算。
・式(1)の□で括った部分を計算してz(誤差関数の引数)を求める
・誤差関数の値は、与えられた数値表にzの値を適用して求められる。

【計算方法】
(1) 与えられたxとDとtの値を用いて誤差関数erf(z)の引数zの値を求める。
$$z = x/(2 \times \sqrt{(D \times t)}) = 4.5/(2 \times \sqrt{(0.25 \times 36)}) = 4.5/(2 \times \sqrt{9})$$
$$= 4.5/6.0 = 0.75$$

(2) (1)で求めたz＝0.75を誤差関数の数値表に適用してerf(z)の値を求める。
$\Rightarrow$ erf(0.75) = 0.71

(3) 式①より、
$$C(4.5, 36) = C_0 \times (1 - \text{erf}(0.75)) = 9.0 \times (1 - 0.71) = 2.61$$

【解答】2.6 kg/m³

問21 　　鉄筋コンクリート梁の累積疲労損傷度の計算

　建設後30年経過した鉄道橋の鉄筋コンクリート梁の鉄筋疲労度を調査した。この梁では、列車の通過にともない、引張鉄筋に200N/mm²の引張応力が1日16回作用していることがわかった。この鉄筋の累積疲労損傷度を求めよ。

　ただし、この鉄筋の引張強度は500N/mm²とし、最大応力比 S_{max}（%）と疲労破断するまでの繰返し回数Nとの関係は下図のとおりである。

最大応力比 S_{max}（%）＝（鉄筋の最大応力／鉄筋の引張強度）×100

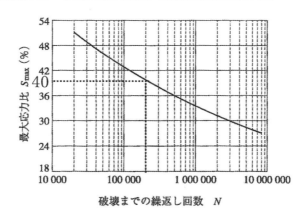

【累積疲労損傷度の評価方法】

・累積疲労損傷度Mは以下に示す評価式を用いて評価する。

$$M = \frac{n_1}{N_1} + \frac{n_2}{N_2} + \frac{n_3}{N_3} + \cdots \quad \cdots 式(1)$$

　N_i：応力レベル（最大応力比）$_i$ における疲労破壊までの繰り返し回数
　n_i：応力レベル（最大応力比）$_i$ が作用する回数

※この問題のように、応力レベルが1つの場合は式(1)の1項目のみを適用でよい。

・式(1)でMが1.0に達すると疲労破壊すると評価する。

・最大応力比Sと破壊までの繰返し回数Nの関係を以下のグラフに示す。最大応力比（応力レベル）が大きいほど破壊までの繰り返し回数は小さくなる。

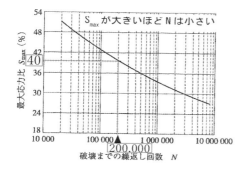

S－N曲線（左のグラフ）から最大応力比 S_{max} に対する破壊までの繰り返し数 N の値を読み取る。
↓
$S_{max} = 40$ から N ＝ 200,000 回を読み取る。

【解法の要点】

・列車の通過による荷重が繰り返し載荷される鉄道橋について、鉄筋コンクリート梁の鉄筋の累積疲労損傷度を計算する問題。

・累積疲労損傷度 M は、破壊までの繰返し回数 N（最大応力の載荷が繰り返されたことにより、鉄筋が疲労破断に至るまでの繰返し載荷回数）と最大応力の繰返し載荷の回数 n をもとに n/N で計算。

・破壊までの繰返し回数 N は、鉄筋の最大応力と鉄筋に引張強度より算定される最大応力比 S_{max} を与えられた S-N 曲線に適用して求める。

・上記 N の決定にあたっては、片対数のグラフで与えられる S-N 曲線の読み取り方に慣れておく。

【計算方法】

（1）最大応力比 S_{max}（%）を鉄筋の引張応力（200N/㎜²）と鉄筋の引張強度（500N/㎜²）より求める。

$$S_{max} = 200/500 \times 100 = 40\%$$

（2）（1）で求めた最大応力比40%を S-N 曲線に適用してグラフから N=200000 を読み取る。

（3）30年間において鉄筋に200N/㎜²の応力が作用した回数 n は 16回×365日×30年 =175200回となる。

（4）累積疲労損傷度 M=n/N に上記の値を適用し、M=175200/200000=0.876 を得る。

【解答】0.876

図-1に示すように、スパン3Lの単純梁の両端からLの位置にそれぞれ集中荷重P
が載荷されている。この梁の補強を目的として、図-2のように外ケーブル工法を適用
して、梁のスパンの中央部に上向きの荷重Xを載荷する。補強後に梁に作用する曲げ
モーメントの最大値を求めよ。

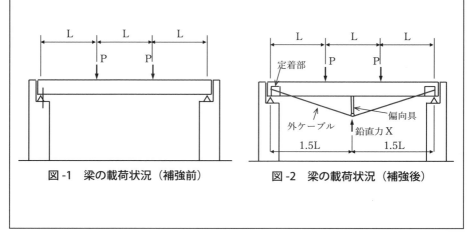

図-1　梁の載荷状況（補強前）　　　　　図-2　梁の載荷状況（補強後）

【曲げモーメントの計算と曲げモーメント図の作成】

・図-1の載荷状態において、梁は下方向にたわみ、梁の下側に引張応力が発生する。

・図-2の載荷により、梁のたわみは減少し、梁の下側における引張応力は低減する。

・梁への載荷により、支点に反力（支点反力）が生じる。最大曲げモーメントは、この
　支点反力に載荷位置までの距離を乗じて計算する。

・図-3はスパンの3等分点に荷重Pを2点載荷した場合の曲げモーメント図、図-4は
　梁のスパン中央部に上向きに荷重Xを載荷した場合の曲げモーメント図をそれぞれ
　示す。

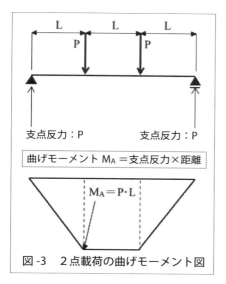

図-3　2点載荷の曲げモーメント図

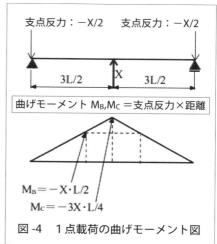

図-4　1点載荷の曲げモーメント図

【解法の要点】

・補強効果は図-3と図-4の曲げモーメント図を足し合わせることにより図5の補強後の曲げモーメント図として得られる。

【計算方法】

(1) 図-3と図-4にもとづき、$M_A + M_B$ と $M_A + M_C$ を計算する。

(2) $M_A + M_B = (P-X/2) \cdot L$、
$M_A + M_B = (P-3X/4) \cdot L$ より、
図-3と図-4の曲げモーメント図を足し合わせて図-5の曲げモーメント図を得る。

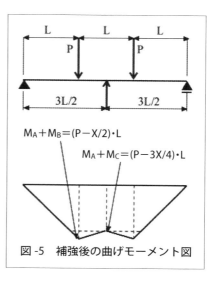

図-5　補強後の曲げモーメント図

【解答】最大曲げモーメントは $M_A + M_B = (P-X/2) \times L$

※引張応力低減効果は $M_B = XL/2$

北陸地方の山間部にある鉄筋コンクリート道路橋の上部工で点検を行ったところ、塩害対策が必要と判断されたため、供用開始から25年目に補修を行うこととした。維持管理のシナリオは下の表に示した方法に基づくものとし、初回の補修から30年目における補修後の累積維持管理費用を計算せよ。

なお、累積維持管理費用の算出における社会的割引率と撤去費用は考慮しない。

表　維持管理のシナリオ

累積維持管理費用の算出に用いる単価	
毎年の点検費用	900千円/年
断面修復＋表面被覆工法の工事費	70千円/m^2
表面被覆の補修（10年に1回実施）	50千円/m^2
補修面積	
道路橋の橋面積（幅×長さ）	800m^2

【ライフサイクルコストとは】

・土木構造物の調査、計画から設計、建設、運用、維持管理、更新（または廃棄）までの一連の過程をライフサイクルと呼ぶ。

・ライフサイクルコスト（LCC）は、下図に示すようにライフサイクルの期間で必要なすべてのコストを合計したもの。

・社会的割引率については、【問24】の項で説明。

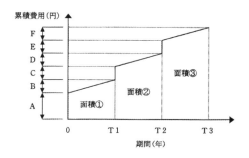

LCC＝A＋B＋C＋D＋E＋F

A：初期コスト
B：維持管理コスト（0～T1）
D：維持管理コスト（T1～T2）
F：維持管理コスト（T2～T3）
C：補修コスト（T1）
E：補修コスト（T2）

【解法の要点】

・鉄筋コンクリート道路橋の上部工の維持管理にあたって、今後30年間の維持管理費用を初回の補修費用を含めて計算する。

・表に示されたシナリオにもとづき、30年間に実施する維持管理の項目と実施回数を整理する。

　　①初年度（初回）：断面修復＋表面被覆工法　⇒　1回（初年度のみ）
　　②毎年　　　　　：点検　⇒　1年に1回の点検を30年間実施す。合計30回
　　③10年に1回　　：表面被覆の補修　⇒　10年目、20年目、30年目の計3回

・①から③の項目の費用を合算して「累積維持管理費用」を求める。工事費は1m²当りの費用であることに注意する。

・累積維持管理費用に撤去費用は含まれない。また、社会的割引率は考慮しないため、工事費用は初年度から30年間変化しない。

【計算方法】

（1）整理した維持管理項目について、それぞれの費用を算出。

　　①断面修復＋表面被覆工（初年度のみ）：70千円/m²×800m²×1回＝56.000千円
　　②点検（毎年実施）：900千円/年×30年＝27,000千円
　　③表面被覆の補修（10年に1回）：50千円/m²×800m²×3回＝120,000千円

（2）上記の①②③を合算する。

累積維持管理＝費用①＋費用②＋費用③＝56,000千円＋27,000千円＋120,000千円
＝203,000千円＝203百万円。

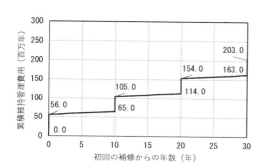

【解答】203百万円

初回の補修から30年間の累積維持管理費用の推移を左図のグラフに示す。

　海洋環境下にある鉄筋コンクリート構造物について、現時点で、必要な個所に対して25百万円の費用で断面修復工法による補修を行った。今後50年間の維持管理のシナリオとして、10年ごとに50年後まで、同じ補修を繰り返した場合に、維持管理費用の現在価値を計算せよ。

　なお、維持管理費用の現在価値への算出にあたっては、割引率を2%とし、維持管理費用には現時点での補修費用も含むものとする。

　現在価値への換算では下表の値を用いてもよい。

表　現在価値への換算に用いる表

経過年（n）	$(1+0.02)^n$ の値
5	1.104
10	1.219
15	1.346
20	1.486
25	1.641
30	1.811
35	2.000
40	2.208
45	2.438
50	2.692
55	2.972
60	3.281

【社会的割引率を考慮したライフサイクルコスト】

・ライフサイクルコスト（LCC）の評価は、将来発生する維持管理や補修に要するコストを現在価値（現在実施したとした場合のコスト）に換算して行う。

・現在価値への換算は、社会的割引率rを用いて以下の式で計算する。

$$（X年後の工事費用の現在価値）＝ \frac{（現在の工事費用）}{(1+r)^x}$$

※社会的割引率r：計画時点の貨幣価値への換算に用いる換算率

【解法の要点】

- 海洋環境下にある鉄筋コンクリート構造物について、断面修復工法による補修を行った後の50年間の維持管理費用を計算する問題。
- 維持管理費用の現在価値への換算（将来の工事費用を現在の費用に換算して考慮）にあたっては割引率を2％とする。ここで、現在価値への換算に用いる値は、問題中の数値表に与えられたものを用いる。
- 維持管理のシナリオは、現時点を含め10年ごとに断面修復工法による補修の実施。
- 50年間の維持管理費用の現在価値は、10年ごとに実施する断面修復工法の費用をそれぞれ現在価値に換算して合計することにより計算できる。

【計算方法】

(1) 10年ごとに実施する断面修復工事の費用の現在価値をそれぞれ以下のように算定。

現時点の工事費用＝現時点の工事費用（現在費用への換算値＝1）
10年後の工事費用＝現時点の工事費用／10年後の換算値（＝1.219）
20年後の工事費用＝現時点の工事費用／20年後の換算値（＝1.486）
30年後の工事費用＝現時点の工事費用／30年後の換算値（＝1.811）
40年後の工事費用＝現時点の工事費用／40年後の換算値（＝2.208）
50年後の工事費用＝現時点の工事費用／60年後の換算値（＝2.692）

(2) 上記費用を合計して、50年分の工事費用の現在価値を算定。

現在価値＝25百万円×（1 ＋ 1/1.219 ＋ 1/1.486 ＋ 1/1.811 ＋ 1/2.208 ＋ 1/2.692）
　　　　＝25百万円×（1 ＋ 0.820 ＋ 0.673 ＋ 0.552 ＋ 0.453 ＋ 0.371）
　　　　＝25百万円×3.869
　　　　＝96.7百万円

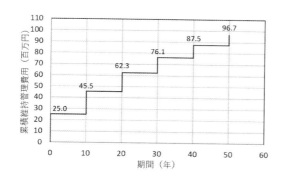

【解答】96.7百万円

初回の補修から50年間の累積維持管理費用の推移を左図のグラフに示す。

計算問題のポイント

ポイント1　超音波法によるひび割れ深さの推定

ここがポイント！

- センサー（発振子）から発振された超音波は、下に示す図のように、**ひび割れの先端を通る最短経路（伝播距離：2×L＝2L）**でセンサー（受診子）に到達する。

- 超音波の伝播速度がV、超音波が受診子に届くまでの時間がTの場合、伝播距離2Lは**V×T**で求まる。

- L（伝播距離の1/2）、d（ひび割れ深さ）、a（ひび割れとセンサ間の距離）が直角三角形の3辺になることを利用しdを求める。

- 距離と時間の単位系を「mm」、「sec」に揃えるとミスが防げ、計算しやすい。
  例）距離：1m＝1.0×10^3mm、時間：1μsec＝1.0×10^{-6}sec

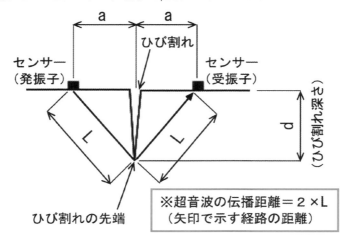

※超音波の伝播距離＝2×L
（矢印で示す経路の距離）

暗記しよう！

直角三角形（右図）の3辺a、d、Lの長さの間に成立する関係式を記憶する。

$$L^2 = d^2 + a^2$$
$$\Rightarrow \quad d = \sqrt{L^2 - a^2}$$

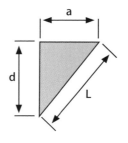

ポイント2　衝撃弾性波法による空洞深さの推定

ここがポイント！

・スペクトル強度図から読み取った**1次の共振周波数f**と問題文に与えられた**弾性波速度Vp**を右の計算式に適用して**空洞深さL**を計算。

・**1次の共振周波数f**は、スペクトル強度図の曲線のピーク箇所の周波数。nは1でVpは問題文の中に与えられた値を使用する。

・**単位系**に注意。周波数は**9kHz＝9000Hz**に変換する。

暗記する

$$L = \frac{nV_p}{2f}$$

$n = 1$
$f = 9000Hz$

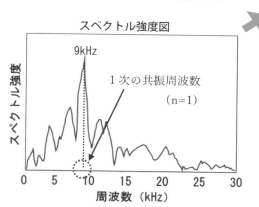

スペクトル強度図

9kHz

1次の共振周波数
（n=1）

スペクトル強度

周波数（kHz）

応用（コンクリート板厚の推定）

衝撃弾性波がコンクリート版の裏面で反射することを利用し、空隙深さの推定と同じ方法でコンクリートの板厚を推定する。

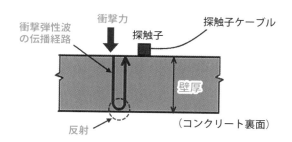

衝撃弾性波
の伝播経路

衝撃力

探触子

探触子ケーブル

壁厚

反射

（コンクリート裏面）

ポイント 3　中性化深さの推定

ここがポイント！

・コンクリートの中性化は、建設後の**年数の経過とともに進行**する。

・コンクリートの中性化深さは、下図のグラフに示すように経過年数tの平方根（√t：ルートt）に比例する。

・上で示した関係を**√t 則**と呼び、中性化深さの推定は下図のグラフ内に示した計算式を用いて行う。ここに、αは中性化速度係数（mm/√年）で、中性化の進行速度の程度を示す指標となる。αの値が大きいほど中性化の進行は速くなる。

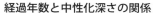

経過年数と中性化深さの関係

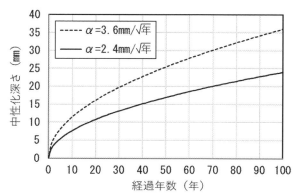

炭酸ガス濃度と中性化速度の関係

・**中性化速度は炭酸ガス濃度の平方根に比例**する。

・炭酸ガス濃度をρ_1（%）、ρ_2（%）とする。√t則の計算に用いる2水準の濃度に対する中性化速度係数をα_1、α_2とすると、以下の関係式が成り立つ。

$$\alpha_1 / \alpha_2 = \sqrt{\rho_1 / \rho_2}$$

・同じ壁でも、湿度が低い室内側の方が屋外側よりも中性化の進行が速い。これは、中性化速度が湿度が50〜60%の範囲にある時に最大となることに起因する。

ポイント 4　塩化物イオン濃度の推定

ここがポイント！

・塩化物はコンクリート表面から内部に向かって侵透する。したがって、下図に示すように、表面からの深さ**x**が大きいほど塩化物イオン濃度は小さくなる。

・同じ**x**の位置の塩化物イオン濃度は、**年数t**の増加とともに大きくなる。

・塩化物イオン濃度は、拡散方程式（後述）の**拡散係数D**が大きいほど大きくなる。

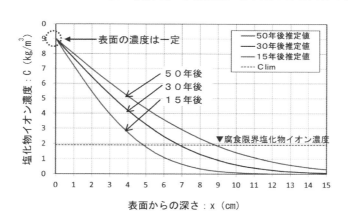

・塩化物イオンの濃度分布は**拡散方程式**を用いて計算する。

$$C(x, t) = \left[C_0 \left(1 - \mathrm{erf} \boxed{\frac{x}{2\sqrt{Dt}}} \right) \right]$$

　ここに、
　$C(x,t)$：深さ x（mm）経過 t（年）における塩化物イオン濃度（kg/m³）
　C_0：コンクリート表面における塩化物イオン濃度（kg/m³）
　D：みかけの拡散係数（cm²/年）

・erf（　）の値は（　）内の数字が大きいほど大 ⇒ 塩化物イオン濃度は低くなる。

・塩化物イオン濃度は、**xが小さく、拡散係数D、経過年数tが大きいほど高い。**

・**セメントの種類**を普通セメントから**高炉B種**に変更すると、**拡散係数を小さくして**塩化物イオン濃度を低くすることができる。

ポイント 5　　累積疲労損傷度の推定

ここがポイント！

・最大応力比S_{max}と破壊までの繰り返し回数Nを与えられた**S−N曲線**のグラフから読み取る。

・最大応力比（応力レベル）が大きいほど少ない繰り返し回数で破壊。

・**対数目盛の読み取り方**に慣れておく。

$$最大応力比 S_{max}（\%）=（鉄筋の最大応力／鉄筋の引張強度）×100$$

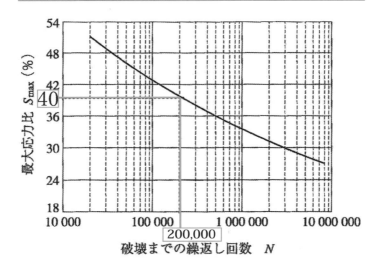

・累積疲労損傷度Mは以下の式で計算する。**M＝1.0になった時に疲労破壊**が生じると判定する。

$$M = \frac{n_1}{N_1} + \frac{n_2}{N_2} + \frac{n_3}{N_3} + \cdots$$

N_i：応力レベル（最大応力比）$_i$における疲労破壊までの繰り返し回数
n_i：応力レベル（最大応力比）$_i$が作用する回数

ポイント6　構造物の劣化と振動特性の変化

ここがポイント！

- 鉄筋コンクリート梁（RC梁）は、荷重Pが増すとひび割れが発生する。荷重Pがさらに増加すると、ひび割れの間隔が密になり、幅が拡大してたわみδも大きくなる。

- ひび割れの発生によりRC梁の断面2次モーメントIが低下する。このため、RC梁の曲げ剛性EI（ここでEはコンクリートのヤング係数）が低下する。RC梁においてEIが低下すると、たわみδが増加し、固有振動数が小さくなる。

- 荷重の増加や繰り返し載荷により、ひび割れは増加・進展し、曲げ剛性のさらなる低下や変位振幅（たわみ）の増加といった劣化現象が顕著となる。

- RC構造物の振動特性を定期的にモニタリングすることにより、構造物の維持管理にあたっての健全度評価が可能となる。

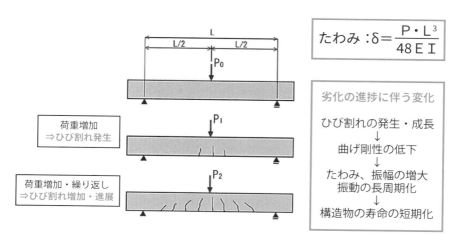

$$たわみ：\delta = \frac{P \cdot L^3}{48\,E\,I}$$

劣化の進捗に伴う変化

ひび割れの発生・成長
↓
曲げ剛性の低下
↓
たわみ、振幅の増大
振動の長周期化
↓
構造物の寿命の短期化

コンクリート診断士試験への取組み

コンクリート診断士試験は、4肢択一問題と記述式問題が出題され、2019年度から記述式問題が1問となり、試験時間が3時間半から3時間へ変更された。

4肢択一問題と記述式問題ともに合格点を満足することで、コンクリート診断士の資格が得られる。本誌は4肢択一問題を目的に編集したが、最後に記述式問題の対策を示す。

記述式問題対策

基本事項

記述式問題は1000字程度の回答で、文字数80%以上の記述が要求される。文章は長文にすることなく、短い文で読みやすく簡潔にすることが肝要である。キーワードを適切に文章へ盛り込むと技術文章としてすっきりする。

はじめに記述式問題に目を通して、劣化原因が塩害、ASR、凍害等の分類をしてから、4肢択一問題に取り組むことを推奨する。40問の4肢択一問題の中にキーワードがあれば、活用ができる。

4肢択一問題は1時間半程度で終了し、記述式問題に十分な時間をさけるような時間配分に心がけることも重要である。

記述式問題対策のポイント

記述式問題は「劣化原因の推定」と「供用するための対策」の設問が通常の出題。

劣化原因の推定

問題文には、①構造物の供用条件、②対象構造物、③変状の状況、④構造物の設計、施工等の諸元が記述されている。問題文の情報、変状の状況、構造物の設計、施工条件等の記述を確認して、適切に回答する。その際に、問題文、図、表、写真を有効活用して文章を作成すれば比較的容易となる。

供用するための対策

　劣化原因の解答と整合性をあわせて、対策が明確となっていること。重要なことは文章のストーリーが的確であること。一般的に、30年あるいは50年等の供用への対策問題で、①変状（劣化）を生じた構造物の健全性回復、②劣化原因の抑制対策。水の侵入が多く、制御対策を的確にまとめることが重要となる。

劣化現象および補修・補強に関するキーワード

塩害：飛来塩分、内在塩分、ひび割れ（鉄筋に沿った軸方向ひび割れ）、塩化物イオン濃度、中性化フロント現象、凍結防止剤、腐食限界の塩化物イオン濃度、鋼材（鉄筋）の不動態皮膜、塩害環境（海上大気中、飛沫帯、海中）、マクロセル腐食

ASR：岩種の判定、残存膨張量、アルカリ量、水酸化アルカリ（NaOH、KOH）、ひび割れ（低鉄筋比は亀甲状のひび割れ、RC梁やPC梁は軸方法のひび割れ）、ペシマム量、隅角部の鉄筋破断、コアの観察、白色の生成物、二酸化ケイ素の析出、反応リム、アルカリシリカゲル、吸水膨張

凍害：ポップアウト、スケーリング、塩化物イオンの侵入と凍害の複合劣化、寒冷地、凍結融解抵抗性、AE剤、エントレインドエア、気泡間隔係数（200～250μm以下）

疲労：床版の厚さ、大型車両の割合、一方向ひび割れ、網目状のひび割れ、ひび割れの網細化、さび汁を含むエフロレッセンス、水の供給、排水方法、S（応力）－N（繰返し回数）曲線、疲労限度

化学的腐食：硫酸塩、エトリンガイト、硫化水素、二酸化硫黄

火災：C-S-H（ケイ酸カルシウム水和物）の溶解、500 〜 580℃でpHが低下、表面の変色状況から受熱温度を推定

補修・補強：再アルカリ化工法、脱塩工法、脱塩処理、含浸材塗布工法、表面被覆工法、断面修復工法、繊維補強コンクリート、ポリマーセメントモルタル、定期的な点検、補修記録の保存、耐震補強、鋼板巻立て補強、RC巻立て補強、炭素繊維巻立て補強、床版の下面増厚工法、外ケーブル工法

その他：ライフサイクルコスト（LCC）の最小化、カーボンゼロ社会

日本コンクリート工学会（JCI）「コンクリート診断技術作成における用語」を下記に示す。記述式問題に対する回答は、正しい用語で文章を作成することが基本である。

「躯体」 → 「部材」
「比重」 → 「密度」
「アルカリ骨材反応」 → 「アルカリシリカ反応」
「不動態被膜」 → 「不動態皮膜」
「浸入」 → 「侵入」
「浸食」 → 「侵食」
「化学的侵食」 → 「化学的腐食」
「影響性（能）」 → 「影響性能」
「シュミットハンマー」 → 「リバウンドハンマー」
※引用文献などは修正しない。

著者紹介

長瀧 重義(ながたき・しげよし)
東京大学土木工学科卒。東京工業大学名誉教授。工学博士。

篠田 佳男(しのだ・よしお)
東京工業大学土木工学科卒。日本コンクリート技術株式会社代表取締役社長。
博士(工学)、技術士(建設部門)、コンクリート診断士。

河野 一徳(こうの・かずのり)
京都大学工学研究科土木工学科専攻修了。日本コンクリート技術株式会社技術部長。
技術士(総合技術監理部門、建設部門)、コンクリート診断士、コンクリート主任技士。

日本コンクリート技術株式会社

　日本コンクリート技術株式会社は、「コンクリート技術を通して、安全で豊かな国土・環境づくりへ貢献」を企業理念として、2006年4月に設立されました。大手建設会社での豊富な技術経験を活かし、施工部門のコンサルティングを北海道から九州、沖縄まで展開しております。業務としては、新設工事のひび割れ対策や施工の合理化から維持管理、技術提案書の作成支援などコンクリートに特化した幅広い内容となっております。

　そして、コンクリート技士・主任技士、コンクリート診断士などの資格取得への教育指導も積極的に行っております。本書は、弊社独自のコンクリート診断士試験資料を再編集したものです。試験の合格へ向けて最大の武器になれば幸いです。

　最後に、施工に役立つオリジナル技術として、NETISに登録された下記の5件を紹介させて頂きます。詳しい内容については弊社HP（http://www.jc-tech.co.jp）をご参照ください。

①施工時のコンクリートの膜養生剤「フィニッシュコート」
　　（NETIS登録番号：KT-080003-VE）
②壁体構造物の温度ひび割れ制御技術(構造)「ND-WALL工法」
　　（NETIS登録番号：TH-080005-VR）
③壁体構造物の温度ひび割れ制御技術(材料)「NDリターダー工法」
　　（NETIS登録番号：TH-120031-VE）
④省力化と高耐久性を実現する高耐久性埋設型枠「SDPフォーム」
　　（NETIS登録番号：TH-120024-A）
⑤橋梁上部工の合理化とひび割れ抑制技術「SD-Bridge工法」
　　（NETIS登録番号：TH-140001-A）

参考文献

『JIS A 1107』日本規格協会、2012 年

『JIS A 1155』日本規格協会、2012 年

『JIS A 1152』日本規格協会、2018 年

『コンクリート診断技術'14』日本コンクリート工学会、2014 年

『コンクリートひび割れ調査、補修・補強指針 -2013-』日本コンクリート工学会、2013 年

『2017 年制定 コンクリート標準示方書［設計編］』土木学会、2017 年

『コンクリートライブラリー 107 電気化学的防食 設計施工指針 (案)』土木学会、2001 年

『土木研究所資料 第 4131 号 塩害環境下におけるマクロセル腐食』土木研究所、2009 年

本書に関するご質問については、ご質問の内容と住所、氏名、電話番号を明記のうえ、「日本コンクリート技術」HP 内の「お問い合せ（E メール受付）」にメール、あるいは FAX または書面にてお送りください。お電話によるご質問は受け付けておりませんのであらかじめご了承ください。

コンクリート診断士試験 四択問題短期集中講座

カラー写真＋シノダ・レジュメ＋厳選問題

● 2021 年 8 月 20 日──────── 第 1 刷発行

著　者／**長瀧 重義・篠田 佳男・河野 一徳**

発行所／**日本コンクリート技術** 株式会社

東京都墨田区両国 4-38-1　〒 130-0026

TEL 03-5669-6651　FAX 03-3632-2970

http://www.jc-tech.co.jp

発売元／株式会社 **高文研**

東京都千代田区神田猿楽町 2-1-8　〒 101-0064

TEL 03-3295-3415　振替 00160-6-18956

https://www.koubunken.co.jp

印刷・製本／中央精版印刷株式会社

★乱丁・落丁本は送料高文研負担でお取り替えします。

ISBN978-4-87498-765-0　C3051